所有的成长，
都是
因为站对了位置

陶瓷兔子 著

江西教育出版社

图书在版编目（CIP）数据

所有的成长，都是因为站对了位置 / 陶瓷兔子著. -- 南昌：江西教育出版社，2017.4
ISBN 978-7-5392-9422-3

Ⅰ. ①所… Ⅱ. ①陶… Ⅲ. ①人生哲学－通俗读物 Ⅳ. ① B821-49

中国版本图书馆 CIP 数据核字 (2017) 第 076864 号

所有的成长，都是因为站对了位置
SUOYOUDECHENGZHANG DOUSHIYINWEIZHANDUILEWEIZHI

陶瓷兔子　著

江西教育出版社出版

（南昌市抚河北路 291 号　邮编：330008）
各地新华书店经销
河北鹏润印刷有限公司印刷
880mm×1230mm　32 开本　10 印张　230 千字
2017 年 7 月第 1 版　2017 年 7 月第 1 次印刷
ISBN 978-7-5392-9422-3
定价：38.00 元

赣教版图书如有印制质量问题，请向我社调换　电话：0791-86710427
投稿邮箱：JXJYCBS@163.com　电话：0791-86705643
网址：http://www.jxeph.com

赣版权登字 -02-2017-149
版权所有　侵权必究

目 录

001 辑一 成功者抱团取暖,失败者各自孤单

选择战衣,也能选择战友 //002

你这么不自律,还想要多自由 //007

成功者抱团取暖,失败者各自孤单 //012

你可以不够美,但不能不珍贵 //016

走出去,让世界找到你 //021

别在不懂你价值的人身上浪费时间 //026

逃离舒适圈之前,你真的舒适了吗 //030

别做那个穿蓝色牛仔裤的人 //034

你可以懵懂,但千万别无知 //038

什么都会一点,你也不会贵一点 //043

我为什么不劝你从头再来 //049

别人不帮你,真的不是嫌你LOW //055

061　辑二　你的问题才不是不努力

你这个病，叫作太爱思考人生 //062
别再用高冷当借口了，你只是没修养而已 //067
你的问题才不是不努力 //071
我爱钱啊，那你呢？//077
"不公平"如何毁掉一个人 //084
比舒适更重要的，是一个人的成长 //090
优秀饥渴症：越努力，越焦虑 //095
你那么怕谈钱，你一定很穷吧 //102
别瞎忙了，你有必杀技吗？//108
在你的爱中，我终于成为了自己 //114
你的人生还那么长，别总是充满猜忌 //122
你的问题，就是问得太多又想得太少 //126

131 辑三 你从来不是一个人在战斗

你是什么人，看你朋友就知道了 //132

你从来不是一个人在战斗 //137

我无法朝不保夕地去爱你 //142

你总是贪图简单，人生就会越变越难 //147

你奋斗了十八年，别总急着跟别人喝咖啡 //151

愁眉苦脸是本色，不动声色是教养 //155

你又不是我朋友 //159

别逗了，自由职业又不治病 //164

对不起，你的付出已被对方拒收 //169

先去赚点钱，再思考人生 //173

你的教养，是最好的投名状 //178

听说，你还没能过上自己喜欢的生活 //182

187 辑四 优秀到没人爱,你信你就输了

你也曾路过一个肖奈,可惜却没活成贝微微 //188
你单身,可并不是狗 //193
请和这个糟糕的我谈恋爱 //198
我为什么要跟你谈恋爱? //204
我又不是只因为爱情才跟你结婚 //209
干了这碗鸡汤,我们仍要爱 //215
优秀到没人爱,你信你就输了 //220
你中了恐惧的招,爱情也不是解药 //227
我有爱情,你有面包吗? //231
你真的可能一辈子都单身啊 //238
我知道你在,就能走得更远 //244
对你说如果的人,能有多爱你 //249
你完美,我好累 //254

259 辑五 能靠汗水解决的，就别用眼泪

如何让自己的心灵更强大 //260

能靠汗水解决的，就别用眼泪 //269

对最喜欢的人，说最好听的话 //273

致过去：我比你想象的更坚强 //278

为什么你的斗志总像过山车？//282

你想难过一会儿，也可以 //291

你不是没时间，只是太拖延 //296

我不是善良，我只是强大 //301

姑娘，你还是有点野心吧 //308

辑一

成功者抱团取暖，
失败者各自孤单

选择战衣，
也能选择战友

橙子又跳槽了，而她这次离职，距离放弃上一份工作，只间隔了不到八个月之久。

此时此刻，她正坐在我身边喝着一杯星冰乐，"上周已经跟未来的老板做好了初步沟通，下周入职直接接手现在的项目，这两天为了赶上他们之前的进度做了好多功课，天天看资料到晚上两三点，比高考的时候都忙。"

"这么快就不求岁月静好现世安稳了？"我还记得她几个月前，离开那个在业界以竞争激烈而闻名的公司时，形容憔悴、筋疲力尽的样子。

那时的她说，"压力太大了，每天都像是个连轴转的陀螺，看着进公司的每个人都那么拼，你也不能让自己闲下来，每天真的好辛苦。"

她辞职后换了一家离家很近的小私企,工作内容简单又轻松，橙子在毕业的第五年之后，终于在工作时间里得以抽出手发了第一条朋友圈,"还有三个小时下班,已经没有事情做啦,欢迎约饭。"

而现在的橙子坐在我对面,带着硕大的黑眼圈,却因为兴奋而眼神灼灼,"一想到下周一去新公司报道,居然有点像小孩子盼着开学一样激动,我是不是很可笑?"

"你真的想好重回沙场了?"我问。

"想好了。"她简单利落地点点头,"我以前也不知道,一个人身边的环境有多重要。"

那是一家规模中等效益一般的小私企,公司里大多数的同事连最基本的 Excel 都不会用,数据的汇总和计算全靠人工,资料的交接也极其低效。橙子入职的第二周,就为办公室的同事做了一个简单的宏,原本要敲十分钟计算器的数据,现在一两分钟就能做完。

类似的事情还有很多,比方说她发现了公司有一个内部系统可以直接用来跟踪发货单,而不是每一次都需要好几个人排着队签字;比方说她跟外地的客户用三个小时开完了一场电话会议,而跟她负责同样业务的另一位同事,还因为堵车,在本市另一位客户那里没有回来。

"有人排挤你吗?"

橙子摇摇头,"同事们对我倒是挺好,是我自己觉得太没有挑战了。"

"鹤立鸡群不好吗?"

她苦笑一声,"最怕的是,在鸡群站久了,你还以为自己是只鹤,可是在鹤群的眼里,你不过是一只个子稍高的鸡。"

"以前没觉得,现在才意识到,你周围是什么样的人,跟你会成为什么样的人真的是正相关。"她说,"我每天下班跟同事去逛逛街,回来刷刷剧看看书,十点不到就上床睡觉,虽然听上去挺享受的,可自己总觉得有什么地方不对。"

直到她去参加前公司一位同事的婚礼时,她才知道自己的这种莫名的违和感是什么。

是大家都在谈论业界发展的时候她在谈论最新的八卦。

是别人在不断培养新技能的时候她在吃老本。

是人家签到了一个亿的合同时而她在教老板用 Excel。

每个人都充满着勃勃生机,每个人都在成长,每个人都在战斗。唯有她站在原地,好像提前过上了退休老干部的生活。

"好想回去跟这样的人并肩作战啊,好想念那个拼命又优秀的自己啊。"每个细胞都在这样说。

微信后台有个读者曾经给我写过这样一条留言:

我觉得决定一个人命运的,不是自己的努力,而是看投胎的造化吧,你看那些富二代,人家轻轻松松靠收房租就能活得很好,可我们努力一辈子,也不过是个房奴。

我想了想回复他,一个人的努力,虽然不可能瞬时弥补世代积累的财富差异,但至少,你付出多少努力,就能给自己换取多少选择。

不仅仅是从九块九到十九块九,不仅仅是从曼秀雷敦到纪梵希,不仅仅是从阴冷潮湿的地下室到小公寓。

努力所带给我们更多的,是选择身边交往圈子的权力,是选择一种生活方式的权力。

觉得身边的舍友同学都不够上进,你能不能给自己选择志同道合的伙伴一起学习?天天生活在流言蜚语漫天飞的小街坊,你能不能让自己摆脱这种生活环境,同时也摆脱这种生活习惯?不想跟"猪队友"共事,你有没有能力为自己选择更好一点的朋友和更好一点的敌人?

你是什么人,便吸引什么人,而你平时交往的那些人,也会反过来定义你。我们的努力,诚然是为了物质财富,但另一方面,也是为了让自己过上更好的生活。

一个人可以继承财富,但无法继承选择。

而这些微小的选择权,会让你的每一天,都变得更美好一点。

比起单纯的财富积累,你站在何处,看到什么样的风景,身边站着什么样的人,才是努力的现实意义。

跟太阳在一起,即便是最不起眼的星星,也会努力发光。你的朋友圈,就是你朋友们的模样,而他们,便是你的模样。

你是什么人,便吸引什么人,你所选择的,同时也在选择着你，彼此塑造，互相成全。

你可以费尽心思地修饰自己的相册，但你无法掩盖自己真正的生活，你周围的每一个人，都是你的一面镜子。

愿你可以有能力选择战衣，也有资本选择战友。

愿你身边的朋友也是同袍战友，能一起喝酒买醉，也能一起并肩战斗。

你这么不自律，
还想要多自由

周末去一位姐姐家吃饭，我们几个大人在客厅里看着最新的综艺节目，一边有一搭没一搭地聊着天，姐姐家的小女儿今年六岁，生得玉雪可爱，听到电视的声音从书房溜出来撒娇。

"妈妈，我也想跟你们一起看电视。"她说，"我不想做作业，太无聊了。"

"那你就出来看吧。"姐姐轻描淡写地回答，"明天我和爸爸去迪士尼，你自己把作业写完。"

"你不能丢下我自己出去玩。"小姑娘嘟起嘴，连眼眶都红了。

姐姐点点头，"那你周一上学去，作业没写完被老师批评，回来不许哭鼻子。"

小姑娘低着头想了一会儿，又一步步慢慢蹭回书房，"那我还是现在去做作业吧。"

旁边的朋友劝道，"小孩子都爱热闹，要不就让她出来玩吧，小学生的作业而已,就算不做也没什么。"

"我也不是一定要让她做作业,主要是锻炼她的自律性。"姐姐笑笑,"她很清楚自己想要什么,不想要什么,既然这样,就要为自己渴望的负起责任,也得承担不想要的代价。"

我盘算着放假第一天起就准备看完,可直到现在都没有打开的那一本大厚书,跟在座的好几个人交换了一个心有戚戚的眼神。

数不清有多少次,对假期中的自己寄予厚望:放假要好好看书,放假要好好学习,放假要学会做饭,放假要收拾屋子,放假要把之前的PPT和项目总结再修改一下……

可现实却往往是,极度缺乏自律的我们一旦没有了外力的制约和deadline的压迫,就失去了控制自由的能力。

林林总总的计划总会被"好不容易放假了再多睡一会儿吧""老同学约饭可不能不去""这部美剧超级好看"等等借口打败,像是不小心滚落进橱柜后的一粒蒜瓣,在潮湿和黑暗中被绿色的霉菌腐蚀殆尽。

你对待自由时间的态度,就是你对待生活的态度。

我有位女友工作四年,职位和薪水却一直原地踏步,她计划跳槽,却苦于没有什么不可替代的技能和资源为自己背书,于是痛定思痛,在花了几千大洋辗转约到职业规划的专家和本行业的大牛做完了咨询之后,咬咬牙斥巨资买了全套的原版教材,准备去考行业含金量最高的资格证书。

她发了一条朋友圈,"我要努力考试了,考完试就跳槽,再也不用看老板脸色了。"

收获了好几十个赞。

几个月之后,我在有次逛商场的时候遇到她,说起备考的事,她叹口气,"一翻课本就打瞌睡,我看了一个小时,实在困得不行,出来逛一会儿街提提精神。"

她有些尴尬地摆摆手,"本来只想着买个唇膏的,可是一出来就忘了时间,真不想回去看书啊。"

她买来的书早已在一次搬家中被卖了废纸,又几年过去,她早已错过了最黄金的升职期,论资源人脉的积累不及前辈,却又没了新人蓬勃的战斗力。

她还在原来那个岗位上一步都没挪,在朋友圈里抱怨加班,抱怨老板不重视,抱怨同事不配合,满满都是怨气。

"你要是这么不开心就跳槽啊,何必一棵树上吊死。"

她苦笑,"我倒是面试过几个公司,可是人家看不上我啊。"

她语气怏怏地讲起与自己同期进公司的另一个姑娘,早早就拿下了资格证,又报了MBA班,在周末的课上结识了现在的老板,跳槽过去月薪翻了三番。

"你说她运气怎么这么好呢?我每天也遇到那么多人,为什么就没人愿意挖我呢?"她说。

虽然是疑问的语气，但她心里早就知道了答案，那答案就写在她脸上，又懊丧又落寞。

安·兰德曾经一针见血地点破这个残忍的道理：

你可以逃避现实，但是你却无法逃避"逃避现实"所带来的后果。

你可以不自律，但是却需要承担因为不自律而产生的代价。这世上有很多条路可以让你成为自己，唯独放纵不可。

自由很公平，但它并不均等。

你付出过多少努力，才有权期冀多少回报。

自由主义的宗师 Isaiah Berlin 提出过有关自由的两个概念，即积极自由和消极自由。

积极自由（free to）是指自由地去做某些事，某些地方。

而消极自由（free from）则是免于做……的能力。它比积极自由更加可贵，也更不容易得到。

你不想要许多许多的东西，而这些不想要，都需要你去做很多的"不想做"来交换。

不满意现在的工作，你的能力就得配得上自己的野心，然后再谈自由选择。

不想身不由己地发胖变老，就得努力在健身房拼掉半身性命。

不想被人打扰，就得用多少个不眠之夜，多少个委曲求全来换一间独立的带门办公室。

自律并不是一个什么远在天边的大词儿,它是你每一天,每一分钟,在每个明明"不想做"的时刻,咬下牙逼着自己去做的选择。

不被欲望掌控,才能掌控自由。

而你能拥有的自由,以你的自律为限。

成功者抱团取暖，
失败者各自孤单

前几天在微信群里，一个姑娘讲起了自己拿了奖学金之后，被全宿舍同学孤立的事儿，立刻有人接上回复：

"人心善妒，尤其是对于身边原本水平差不多的人，他们根本见不得你好……"

"是啊，我那天就是公号涨了好多粉特别开心地想要跟朋友分享，却换来冷冰冰的一句'你会写点高中作文水平的文章了不起啊'……"

"你这还算好的，我今年升职了，买了许多好吃的想要跟之前的团队一起庆祝，可是换来的是人家一边吃一边冷嘲热讽，说我没什么本事全靠运气……"

我正逐条看着这些聊天记录，忽然收到一条私信，来自于一个平时聊得很不错的小妹妹，她问我，"出类拔萃的代价，一定是众叛亲离吗？我觉得自己好矛盾，一方面想要变得更加优秀。但另外一方面，又特别害怕孤独，一想到今后干什么都得一个人，就觉得好悲凉。"

微信群里的聊天还在继续，每个人愤愤地诉说着自己取得一些小成就之后，遭遇来自周围人的嫉妒和冷眼，不禁有些心寒，仿佛是掉进了一个狭隘的怪圈，所谓成功路上"有你就没我"的初级阶段。

太过习惯用竞争关系去定义成功，殊不知任何一种成功，其实归根到底都是群策群力的结果。没有人能够单枪匹马地走完全程，而那些优秀的人看起来孤独，其实只是因为你们不在同一个圈子而已。

我很喜欢《甄嬛传》中，沈眉庄和甄嬛的关系。

那是甄嬛承宠之后问眉庄，"姐姐不会恨我吗？"

眉庄沉默一瞬，微红了眼眶，却坚定地摇摇头，"不恨，与其得宠的是别人，还不如是你。"

她们都很清楚，波涛诡谲的宫廷生活，唯有互相扶持，才能稳步前进，而如果你四面都是敌人，那只有死路一条。

成功的不是你，也会是别人。

你无法除掉所有的成功者，那就不妨跟他们结盟，彼此借力共同进步。

人在很多时候，会不由自主地陷入一个思维误区，觉得成功是一张面积有限的大饼，一旦别人占有了多一点，就意味着自己拥有的会少一点。

所以许多人并不乐见身边人的成功，对这些人而言，那意味着你瓜分了他们"应得"的东西，所以难免心生妒忌与不满，带着一点恶毒的念头，恨不得那个比你爬得稍高的人一不小心失手摔下，回到跟你一样的平面，让你觉得自己也没有那么糟糕。

可实际上，成功是多维的融合，而不是单项的叠加。仅凭一个人的力量，是很难一直在成功的道路上坚持下去的，意志力也好，资源也罢，唯有共赢，才能发挥其最大效用。

竞争和合作的差异在毕业季找工作的时候尤其明显，大家都不想错过任何一场校园招聘会，但是却没有时间和精力去参加每一场宣讲。有的人在这个时候选择共赢，跟同学交换资料，互换笔记等等，有的人则单打独斗，在太多选择中疲于奔命，反而达不到期待中的效果。

黄铁鹰教授写的《褚橙你也学不会》中，褚时健哪怕是自己赔钱也要让渠道商获利，这并不是因为他的道德水准高出旁人，而是因为他明白一个道理：一个人可以走得快，但一群人，才可以走得远。

褚橙可以说是大获全胜，而那些只顾自己不顾合作伙伴的创业者，则早早就倒在了距离成功遥遥无期的路途上。

成功的人总在抱团，而失败的人才各自孤单，心怀着自己的小九九，不合作也不分享，独行侠每前进一步，都需要付出比合作者高出太多的代价。

我有位女友，是投资公司的部门精英，公司分给她的实习生，从工作经验到一些细节习惯，她几乎倾囊相授。

有人问她，"长江后浪推前浪，前浪死在沙滩上，你就不怕教会了徒弟饿死师傅？"

"不怕，客户越做越大，项目事情也越来越多，我倒是希望有个人能跟我一起战斗。"她说，"况且，我在教他的同时，也在梳理自己的思路，很多小习惯之前没在意过的，仔细想起来才发现有更好的方法可以节省时间，这也算是教学相长了吧。"

六个月过去，当她带的实习生成功转正，立刻就成为了她的得力助手，两个人的思路和方法和而不同，相得益彰，成为了公司上下有名的师徒剑。

担心被超越，就和她一起进步；担心被淘汰，就不能放松对自己的要求。有了鲶鱼的沙丁鱼，才能一直保持斗志，竞争虽然辛苦，但是算计更辛苦。

很多时候，成功不仅仅与能力有关，还与格局有关，你若只想着自己的一亩三分地，那远方的沃土良田也都跟你无关，你若只盯着手头的一点蝇头小利，便必然会错失更多的资源和机会。

如果只有一块饼，别争。

想办法再做一块出来吧。

你可以不够美，
但不能不珍贵

"什么狗屁公司，老娘不干了，哪怕是裸辞，我也一天都不想待下去了。"M在电话那头咆哮，而我上一次听到她爆粗口，还是几年前在地铁上遭遇咸猪手的时候。

"你这是……被职场潜规则了？"我试探着问。

"我一个连庆功晚会都没资格参加的人，哪里有人会愿意潜。"她长叹一口气，尾声居然带了一丝哭腔。

M跟团队已经在这里出差了3个星期，他们在做的项目是公司今年的重头戏，三年的合同一签，便是几百万的生意。M是朋友中出了名的加班狂和白骨精，从数据分析到客户谈判，从最初提案到合同拟定，她都是一等一的高手。

我们曾经笑言，M踩着七厘米高跟鞋走进会议室的样子，就像个以一当百的将军。

而这位叱咤沙场的女英雄，现在正坐在我对面，带着一脸的颓丧之气。

"我现在明白了,什么叫狡兔死走狗烹。这个项目从一开始就是我在跟,每一个环节,该做的我全都做了,好不容易敲定了之后要跟合作客户一起办个小型的庆功晚会,我老板亲自从上海飞过来,见到我第一句话,说你辛苦了这么几天,今晚的庆功会可以缺席,好好休息去吧。"

她说到这里连眼眶都红了,"为了收集数据在电脑前一坐好几天的人是我,刚刚熬完48个小时不眠不休改合同的人是我,可是凭什么,临到庆功的时候,我连一个席位都没有?不过就是嫌我没有那几个水灵灵的小姑娘好看吗?又不是选秀,凭什么这么以貌取人。"

M自知算不上是那种让人一眼惊艳的美女,在拼才华也拼颜值的销售团队压力山大,于是更加拼了命的加班加点工作,试图用才华来掩盖容貌的不足。

她算不上很美,可也绝不难看,我想M的老板即便是被猪油蒙了心,也不会仅仅因为容貌的原因就将她一票否决。

我打量着她,皱巴巴的衬衣,硕大的黑眼圈,干纹密布的嘴唇,发黄的脸,每个毛孔都因为极度缺水而泛出闪闪的油光,不过二十几岁的年龄,苍老疲惫得像是四十多岁的中年妇女。

她看懂了我眼神中的打量,"你是不是也觉得,我现在很丑?"

是啊,很丑。

你知道一个女人最丑的是哪个时刻吗?

就是她已经放弃了自己，任由自己变老变丑的那个时刻。

有个小姑娘聊天时曾经很困惑地问我，"我刚刚毕业一年，身边的女孩儿每天都画着浓妆来上班，每天补妆三四次，难道女人不化妆就意味着她活得很粗糙吗？那长得不够美的姑娘是不是注定没什么前途了？"

我回答她，"在正式场合，你可以不化妆，但如果你决定不画，就要保证自己能够呈现出最好的状态，而这就意味着，为了保证皮肤的水润，你每天要喝够至少六杯水，配上三种以上的水果和蔬菜，至少有半个小时的运动时间，每晚回家之后都得躺着敷二十分钟的面膜。为了保证眼眸的有神，你每盯着大屏幕五十分钟，就要做十分钟的眼保健操。为了保证唇部的润泽……"

她瞠目结舌地打断我，"这么麻烦啊，那每天得花多少时间在这张脸上啊，好看真的有那么重要吗？"

好看并不重要，但让自己时刻呈现出最好的状态，不仅仅只是为了收获他人的赞美和回头率，也是对自己和对方的尊重。

按照网红美女的标准，我们绝大多数人都是不够好看的，但是这并不意味着，我们应该放任自己顶着大油头、带着硕大的黑眼圈和法令纹，将生活的困苦和憔悴都摆在脸上展示给别人看。

整洁，饱满，从容，是无论美丑，都可以，而且应该保持的状态。

那是一个人的底气，传递给对方的笃定和踏实。

我的另一位女友可可去年失恋，深夜打来电话痛哭流涕，"我为了他，我都已经低到尘埃里去了，为了让他吃得好一些、用得好一些，我一年多没买过新衣服，连化妆品都只能用国产的面霜，我那么爱他，他为什么要跟我分手？"

我心知肚明她被分手的原因，却实在不忍心戳破，硬生生地咽了下去。

会跟你分手，是因为嫌你糙啊。

可可的男友是我们合作公司的项目经理，我曾经在酒会上跟他有过一面之缘，那次酒会可以携带家属，他却没带可可来，一个人站在那儿跟客户寒暄。

"你怎么不带她一起呢？"我问。

"她说自己没有合适的衣服，我总不能让她穿着牛仔裤T恤衫就来了吧。"他苦笑一声，"我上周给她送了条白色的小晚礼裙，她第二天转身就去退了，说不实惠，怕穿过了之后就退不回去了。"

我都能想象得到她的表情，那喜欢的眼底狠狠藏着一些世故的计算，像上次她看上的那件大衣一样，像上上次她看上的那瓶面霜一样，像上上上次她看上的那款仅仅只有二百元的包包一样。

"买那些东西有什么用呢，省下这些钱可以给我家男朋友改善好几顿伙食呢，他加班辛苦。"可可总是这么说。

可他们两人并不是刚刚毕业手头拮据的大学生，需要一个馒头掰成两块分着吃的相濡以沫。仅仅是她男友一个人的收入，就足以让两个年轻人生活得小康无忧。

他并不需要她变着法儿的改善伙食，给他买几千块的机械键盘和高档耳机，他只是希望她能在他陪客户应酬的时候穿上一件得体的外套，画上一点精致的淡妆，只是想在年会上让她穿上那件小晚礼服，优雅地站在自己身旁。

你倾尽所有给了他一车梨，可他想要的，从来都只是苹果。

他们分手之后，我在一次行业大会上又见到他，散会后他叫住我，欲言又止。

"我下周就要外派到南非了……"他说，"你跟她说，今后对自己好点儿。"

对自己好一点吧，让自己珍贵一点吧。

陷入一段爱的时候，心可以低到尘埃里，身段却要极高，当你为一个人掏空了自己，那在他眼里，你就会逐渐趋于透明，淡漠成一个可有可无的影子，失去你存在他身边的所有意义。

别把自己活的那么廉价，那么粗糙，那么不修边幅。

你不是任何人、任何工作的附属品，你是独一无二的你自己。

你可以不够美，却不能不珍贵。

毕竟，那三块五一瓶的廉价面霜，既不遮瑕，也不防泪。

走出去，
让世界找到你

我曾经跟一位业界公认拼命三郎的朋友聊起一个话题：如果你不缺钱，也不缺时间，你最想做什么？

她眼神灼灼，"去旅游，或者窝在家里看书练字，最好能开一家花店，或者像《破产姐妹》里的两个女孩一样，自己开一家小小的烘焙店也不错，还可以顺带卖手工首饰，一想起来就觉得人生好丰富。"

说完这话后的一年零三个月她离职了，有房有车有商铺，提前过上了退休老干部的生活。

"我从明天起就要开始看书，这周计划第一个自驾游，我要去青海，要是有合适的店铺，我就在那边当老板啦。"

她信誓旦旦地说完这句话，被子一拉蒙头就睡过去，起床一看天已半黑，索性放弃阅读的计划，抱着iPad刷完了刚刚热播完的一部剧。

接下来的每一天，几乎都是这一天的无限重复。

"我又找了一份工作，明天起也要上班了。"到了第四个月的时候，她咬牙切齿地说，"这四个月我哪儿也没去，书也没读字也没练，找店铺的事更是忘得一干二净，唯一的收获，就是长了15斤的体重。"

"我是高估了'想象'这两个字的力量，以为自己知道想要的是什么，可看来我根本就不了解自己。"她说。

这并不只是一个偶然的个例，想必大多数人都经历过类似的事：上学时每个假期都信心满满地给自己计划了各项任务，工作后每年的年度计划1、2、3、4、5，却都从来没有完成过。

这并不仅仅是由于拖延，而是我们根本不清楚自己想要的是什么。所以才没有强劲有力的动力来完成和实现。

想要成为更好的人，却不清楚什么才算是"更好"的样子；想要努力成为一个更好的自己，却不知道从哪个一方面开始。

换言之，内在动机是个奢侈品，只有少数人能够对某项事业抱有近乎狂热的喜爱，知道自己想要追求的方向，清楚地意识到自己的优劣势。

而对于大多数的人来讲，"变得更好"只是一个虚幻的方向，它拥有无数的岔道口，你站在起点这端，既无法看到每条路的尽头，也不清楚更适合自己的是哪一条。

那么问题来了，你是要一直等下去，还是要一直试下去？

相信大多数人都会本能地清楚，"等下去"是一个不可行的选项,可是如果选择"试下去",又如何能在有限的时间里穷尽所有的选项?什么时候应该开始尝试?精力和时间如何分配?

《你要如何衡量你的人生》中,克莱顿·克里斯坦森给出了我们这样一个答案:

人对自己一生的规划,无非是周密战略和意外机遇结合的产物,关键是要走出去,并行动起来,直到你明白应该将自己的聪明才智、兴趣和重点放在哪里。当你真正找到了合适自己的事情,再将应急战略转化成周密战略。

想考研究生是周密战略,一个从天而降的实习机会则是应急战略。

取得工作考评的 A+ 是周密战略,一个轮岗的机会则是应急战略。

一个人的成长,不能够只依靠前辈的经验和父母的劝告,也不能够只按照自己预想之中的轨迹进行,生活是个太过复杂的东西,在你没有想好许多因素之前,就已经被命运推着走出门去。

不要拒绝意外,因为意外是让你与世界互相试探的机会。你对什么东西有兴趣,你的天赋在哪里,如何激发自己的潜力,如何找到最适合自己的路,这些并不是你坐在家里苦思,或者跟前辈们聊天就能获取的真知。

你要走出去,去感知、尝试、体验,才能明白自己跟这个世界的合拍之处在哪里,而这些,不是仅仅凭借坚持"周密计划"

就可以达成的结果。

那么让我们来进入下一个问题：如果我接受所有的"意外"，那我会不会因为在尝试上花费太多时间，而成为一个一事无成的人？

给出这个答案的人，叫作塔勒布，他是黑天鹅理论的集大成者，在写完《黑天鹅》一书后，他又在《反脆弱》中提出了对抗"黑天鹅影响"的方法。

"杠铃策略"则是其中很重要的一个原则，它的原意是同时采取两种极端行动，举健身为例，杠铃策略提倡极限运动之后毫不费力的散步，而不是一直保持中等水平的运动量。

我们将这个理论融合进周密战略和应急战略中，可以得出这样的结论：

在大多数的时间／精力投入中，采用能够抗拒负面风险的周密战略，维持并改善自己既定的选择。同时，拿出较小的一部分时间／精力，接纳突发的应急策略，进行大胆地探索和尝试。

我有一个好朋友，她在大一的时候曾经在考研和毕业就工作的两个选择中摇摆不定，考研的想法稍占上风，她每天至少有四个小时都在图书馆度过，而在另外的空闲时间和周末假期，她选择了尝试不同类型的兼职。

她做过导购，做过家教，卖过保险，做过公司的前台，到酒店做过实习生，做过记者，也做过翻译。

到了大三的时候,她就在不断的尝试中,发现了自己的真正的动力其实来源于工作中的价值感和解决实际问题的成就感,而不仅仅是在学术上的进步,她开始将求职转化为自己的周密战略,开始找一些大公司实习,将假期和周末的时间用来保证学习。

快到毕业季,她忽然得到了一个可以到英国读交流研究生的机会,于是提交了申请去了英国,在课余时间外出打工,凭借之前求职积累下的经验,她很快为自己找到了一份实习。

"我从不主宰生活,我是被生活推着走的人。"她说。

世界这么大,想要找到自己很难,弄清自己的优劣势、性格、偏好是每个人一生的课题。

但如果你一直等,大概永远也无法意识到自己是什么样的人,如果你只是过河问路的那匹小马,也就永远无法确定适合别人的道路是否适合自己。

没有人能告诉你怎么才能变得更好,什么才叫作最有效的努力。读再多的书,听再多的经验,终究纸上得来终觉浅。

我们每个人,都是在跟生活的互相试探和碰撞之后才能找到自己。

毫无疑问的是,你得先打开门。

迈出脚,世界才找得到你!

别在不懂你价值的人身上
浪费时间

校庆 60 周年的时候,我正在杂志社做实习记者,于是主编将访谈历届优秀校友的任务交给了我们几个还没毕业的学生,分给我的那一位前辈已年近花甲,毕业后白手起家创建了一家公司,这些年越发做得风生水起。

他很爽快地答应了采访,地点就定在学校附近的咖啡馆。

我们提前了四十多分钟到那儿,自以为时间已经很充分了,可就在我们忙着布景、找角度、调光线的时候,同行的摄影老师碰碰我,悄悄指了一下不远处角落里的一个人,"你看那个人,他是不是已经来了?"

看看表,离约好的采访时间,还有近二十分钟。

我们连忙走上前去招呼,前辈笑笑,"是我来早了,担心路上堵车,就早出发了一点,你们接着忙,按时开始就行。"

"您是前辈,哪儿能让您等我们。"

"你们的价值还不可限量,而我已经快下架了。"他哈哈大笑,狡黠地眨眨眼,"年轻人,你们的时间可比我这老头子值钱,要是浪费在等我上,连我自己都会觉得可惜。"

四年过去,我几乎已经不记得当天采访的内容,唯独记得的,是他说的这句话。

我有位高中同学,多年不联系之后辗转要到了我的微信号,在微信上拜托我,"能不能帮我订一个宾馆?我过去出差可能要住几天。"

我帮她看了公司附近的几家,将大概的情况在微信上跟她说完,她回复我:"环境挺不错的,就是地理位置不大好,你再帮我看看别的吧。"

我问,"你就不能自己下一个旅行类的 APP 自己挑吗?"

半晌等来一句回复,"多麻烦呀,反正是周末,你闲着也是闲着。"

还没来得及回复,她又说,"算了,那你就帮我订之前的那一家吧,明天能来机场接我一下吗?我刚看了看打车过去要一百多块钱。"

我忍无可忍回复她,"对不起,我虽然不忙,可对你没空。请你自己去下载 APP 订酒店吧。"

拉黑她的那一刻,感到如释重负的开心。

我曾经也是个很包子的女同学,对于这种类似的请求,不管有多不爽都会勉强答应,后来我逐渐明白一个道理:

那些不太珍惜你时间的人，本来也没多珍惜你这个人。

他们无法理解你的时间成本，便也不懂得你的付出，不管你花了多少工夫，在他们看来都是举手之劳。

他们不会觉得不好意思，甚至连一点人情的亏欠都不肯有，只会理所当然地觉得，"反正你闲着也是闲着呀"。

在他们眼里，你只是个廉价的熟人，你的价值还不如一百块钱的打车费。

我有个朋友，毕业之后进了一家小国企，工作任务不重，但浓浓的官僚风，上班时间大家都在喝茶看报纸刷淘宝，但往往一到下班就开始忙碌，上级不走，下面的所有人也得在办公室干耗着，每天下班都到了七八点。

年终评估的时候，她委婉地跟上级提出今后能不能早点下班的建议，处长呵呵一笑，"小李呀，办公室环境多好，又有热水又有空调，你下班不也没事干？急着回家做什么？"

她在次年的三月决定辞职，对我说，"不夸张，我真是过够了那种一眼就能看到死的生活。打印一个文稿、签个字都能拖好几个小时，所有人都觉得每天时间多得溢出来，没有时间观念，也没有什么上进心，就是数完二十四个小时日历翻页而已。"

她砸掉了自己的铁饭碗，去了一家刚刚起步的互联网公司，每天都忙得昏天黑地。聚会的时候我问她，"现在比之前下班的时间更晚了，后悔吗？"

"不后悔。"她说,"我们公司的文化,就是即便加班,都要让每一分钟的加班有回报,每天都能学到好多新东西,觉得自己付出的时间得到了双倍回报。"

当然,她的薪资也得到了不止翻双倍的回报。

"虽然每天累得像狗,但是觉得自己的人生好有价值,每一分钟的努力,都是被认可和重视的。"她说。

是啊,我们的生命就是由这样零碎的每分每秒构成,秒针跳过的每一步,都是不能倒流的曾经。

我们往往很难意识到时间的价值,又由于年轻,由于懵懂,由于懦弱,将时间肆无忌惮地浪费在不值得的人和事之上。

直到韶华流过两手空空,既找不到自己,也得不到别人。

遇到懂得珍惜你时间的人,是何其幸运的事。因为人往往,是在被重视之后,才懂得正视自己;是在被激励之后,才懂得自我激发。

一生很短,要跟珍惜你时间的人在一起。

逃离舒适圈之前，
你真的舒适了吗

周末临近结束的时候，一位借走我藏书的小朋友打来电话，语气中是小心翼翼的歉意："姐姐，我能不能晚两天还书给你啊？周末出门参加了好几个聚会，书也没来得及看几页……"

我立刻表现出一位"死宅"的老年人应有的大度："没事没事，趁年轻就是要多出去玩玩嘛，开心就好。"

小朋友在电话的那头明显沉默了一下："其实，我是真的不想出去玩的，还不如待在家里安静地看看书、学学英语。每个周末都要强迫自己出门应酬，真心比工作日都累。"

我还没来得及回应，她又补充道："有时候吧，觉得自己周末独处的时候画个画、看会书、看看电影，一周消耗的元气马上就能恢复。可是，又觉得还年轻的时候就放纵自己在舒适圈里享受挺浪费生命的，人总是需要挑战一下自己的，你说对吧？"

我被问得语塞，不知道要怎么回答这个问题。

近年，随着各种自我管理和励志书籍的流行，"舒适圈"开始变为众矢之的，每个人提起它时都带着一点不屑和鄙夷，仿佛这是什么让人避之不及的东西。随便将"舒适圈"放在搜索器里一搜，就会出现满屏的"跳出舒适圈""远离舒适圈""冲出舒适圈"以及跳出/远离/冲出的一百种方法。而每篇文章的内容都大同小异，不外乎趁年轻的时候努力拼命，不要虚度不要浪费，不要满足于已经没有挑战的领域，不要贪图安逸不动脑子将自己活成猪，等等。

可问题是，停留在舒适圈与不求上进真的可以画上等号吗？舒适圈与和它相反的空间，是否真的非黑即白？

我曾经敬仰膜拜过一位出了三本画册的姐姐，除了插画的业余爱好之外，她还有一份并不轻松的本职，不管加班多晚每天都会提笔练习上一会儿，即便只是半小时，几年来也从没间断。

我在道喜的时候不免趁机求教："你是怎么样一直保持这种上进心的？"

反倒是她露出一点惊讶的表情："为什么你会觉得我上进？我真的是每天都在偷懒，逛街聚餐都是能逃就逃。对我来说，与其出去跟人应酬，还不如自己待着一个人画画更轻松有趣。"

她笑着比了个鬼脸："你们都努力让自己多方面发展跳出舒适圈，倒是我，干脆在舒适圈里面挖了个洞死赖着不走了。"

"可是明明看电影、玩手机、刷微博才更舒适吧，你每天下班还要画画不累吗？"我问。

她一笑，认真地回答："对我来说，刷微博点赞才累呢，还要考虑领导同事会不会看到，看到之后又会怎么想之类的问题，多麻烦，还是画画更轻松啊。"

哪儿有人不知道享受清闲，每天自己给自己找累还乐在其中？画画并不是个别人看来高雅又轻松的享受，她右手的食指上因长年握笔生出的老茧，和渗入指缝中洗不净的油彩还历历在目。

"或许是不想让别人知道自己在努力吧。"当时我这样想。直到好几年之后，我在知乎上看到这样一个问题："为什么无所事事会让人情绪低落，一点也不轻松？"

其中一个叫李晓漫的作者，给出的答案很有趣，基本的大意是说，无所事事和轻松清闲的心理状态全然不同，后者是轻松享受，前者则是焦虑疲惫。

在那一瞬间，我忽然就明白了当年我还并不理解的，那位姐姐话语中的含义。

看电影、刷微博、聚餐、玩手机，看似很轻松，心中却要应对着"今天又要虚度一天了"的自责和压力。而选择自己喜欢的画画，别人看来辛苦，自己却甘之如饴。而只有在这样乐在其中的状态下，做自己习惯和喜欢的事情，才能不断地向新的高度迈进。

成长的重点并不是单纯地跳出舒适圈和挑战自己，而是你在自己所谓的舒适圈中，是真的感到舒适和清闲，还是自欺欺人地无所事事？

强迫自己去参与明明不喜欢的聚会，强迫自己去做一份明明不拿手的项目。内向的人逼着自己见人就露三分笑，热情地去搭讪；外向的人逼着自己今天一定要单独待着，看完这一本不知道在讲些什么的书。

看似越上进，其实越焦虑，反而生出了一点自责和无助："为什么我没有办法改变自己，我是不是颓废得没有救了？"

找到自己真正舒适圈的人并不会着急着逃离，相反，他们会想尽办法在圈圈的底层挖一个洞，或者在圈圈的上面垒砌高塔。舒适圈并不是一个平面的只可以发展广度的图形，而是可以无限向上下延伸的空间。与其盲目地选择改变，强迫自己去接纳明明不喜欢的人、工作和生活方式，还不如安心地停留在这个圈里，把自己的喜欢变成爱好，爱好变成特长。

毕竟支撑一个人走完长长的一生，或是真正做出什么成就的，不会是烦躁、抑郁、焦虑和自责，而是喜爱、擅长与心甘情愿。

唯有热爱才能坚持，唯有跟热爱的事情在一起才会舒适。而这种舒适，会反过来变成动力，也变成一个人用来对抗外界电闪雷鸣的小窝。

在急着跟风跳出舒适圈之前，不妨问问自己：你在自己的舒适圈里，真的感受到舒适了吗？

别做那个
穿蓝色牛仔裤的人

我人生中第一次被邀请参加一个行业的酒会,还是在大三实习的时候。

当我穿着自以为有点OL范儿,又很清新的白衬衣和牛仔裤,在机场见到来接我的师父老梁时,他上下打量了我一眼,脸色便黑了半截,"别告诉我你就打算穿着这个参加年会?"

"有什么问题吗?"我低头看了下自己的装束,虽然算不上华贵高档,可也还算熨帖合身。

"你见过谁在酒会上穿成这样?看了那么多年电视剧,不懂得门道还没看过热闹?"他黑着脸训斥我。

可是我穿这套也不难看啊,也算简约有致清新风吧,我腹诽一声,斜觑他一眼没有搭腔。

他看出我的不以为然,投给我一个恨铁不成钢的眼神,将车停在一家服装专卖店的门口,"去给你自己挑身衣服,裙装,纯色,稍微正式一点。"

我压根儿没想到他来真的,依旧嘻嘻哈哈地反驳道,"你要看内在美,酒会那么多人,穿成什么样,淹没在人海里还不一样。"

"就是因为人多,才更不能随便,"他说,"没有人会在酒会上跟一个穿蓝色牛仔裤的人搭话,这跟以貌取人没关系,而是你根本没有表达出对这个行业,和对这个场合最起码的尊重,而这看起来很傻。"

前几天有个大四的小朋友在后台很郁闷地给我留言:"我觉得自己不算差,可为什么投了好几份简历都石沉大海?想遇到个伯乐真的那么难吗?"

为了证明自己的优秀,他将自己的简历发到了我的邮箱。

那是满满的两页纸,用的是六号字体,甫一打开密密麻麻像爬了满屏的蚂蚁,而我在那些行距错乱,黑体和斜体交错的文字中困难地找到了他引以为傲的 GPA,奖学金证书,和一些在学校中参加的团体活动的经历。

他问,"怎么样?觉得我不算差吧?"

我将他简历上几个基本的排版错误写出来,回复他,"如果 HR 能看完你的简历,我想他们或许会给你一份面试的机会,但前提是,你展示的东西得让别人先有看得下去的欲望。"

他气冲冲地说,"现在的人就是肤浅,连一份简历都看不下去,为这种鸡毛蒜皮的小事造成了人才的错失,不觉得可惜吗?"

我忍不住坐在电脑这头发笑,想到每年校招时候公司 HR 焦头烂额得灰头土脸，每天在几百份简历里挑到眼花，同时开着好几个窗口，附件太大打不开的直接放弃，眼神停留在每一份简历上的时间不会超过一分钟。

"他们未必会觉得可惜，但如果你因为简历的格式问题错失了心仪的工作，你不觉得可惜吗？"我问他。

"为什么人一走上社会，都变得这么形式主义，难道我把简历弄得漂亮一点，就能说明我是个更好的人选吗？"

我想了一会儿回复他，"是的，因为一个人如果连最简单的形式主义都走不好，是很难让别人相信他能做好什么其他事的。"

我们从很小的时候开始，便都特别喜欢玩一种叫"你猜啊"的游戏，并总期冀着自己能够给对方一个实打实的 surprise。

猜猜看不合时宜的外表里是否有颗惊艳绝伦的心。

猜猜看扭扭捏捏的神态后是否掩着果断和利落。

猜猜看粗鄙傲慢的言谈中是否蕴着满腔才华。

猜猜看凌乱粗放的字迹下是否藏着井井有条的灵魂。

总期冀自己是世不二出的黄石老人，等待长了慧眼的张良来百般迁就。

可是现实不是历史故事，成年人的社会里没有那么多试探。

有优点，就要尽力展示出来，有缺点，也要尽力将它藏好。

我有个关系很好的女友，在广告界摸爬滚打七年做到了总监级别，有次聚会的时候聊起公司的琐事，她说，"其实对于新人来讲，我并不在乎他们能把内容做得有多精彩，但是基本的行距、配色、字体、配图一定得过关。"

"最怕的，就是那些把整个策划案弄得花花绿绿，你批评他，他还觉得自己特别有创意的那种人。"她说。

从经典和规范开始，并不意味着对灵感和创意的束缚，相反，很多时候你得先在经典和规范中浸淫良久，才能培养出本能的审美，对色调、板式进行改良和突破。

谁不讨厌形式啊，但你得先拥有它，才能将它打败。

那些不肯屈就于规范和形式的人，往往从一开始就输了，他们须得做很多无用功，才能弥补最初的棋差一招。

别做那个穿蓝色牛仔裤的人，别做那个让对方不会看第二眼的人。

你的一张名片、一份简历、谈吐打扮、行为举止，都是为自己代言。

你无法成为别人，你只能成为那个你展示出来的人。

所谓工欲善其事，必先利其器，不仅仅只是为了做事情时的得心应手，还是为了证明给那个委托你做事的人看：你是个有金刚钻的人。

愿你有个性，也懂得合群。

你可以懵懂，
但千万别无知

一次团建的时候我跟其他部门的一位姑娘同住，她百无聊赖地将电视频道转换了好几遍，想起坐在角落里看书的我，搭讪道，"你在看什么书，这么认真？"

我举起手中那本《成功心理学》的封皮给她看。

她立刻呵呵笑了两声，"我说，难怪出来玩还要看书呢，原来是成功学，年纪轻轻野心不小啊。"她意味深长地拍了拍我的肩膀。

"这是心理学，不是成功学。"我试图为作者 Denis Waitley 平反。

"有什么区别呢，还不都一样的呗。"她摆摆手，露出个意兴阑珊的表情，"不就是教人怎么上位怎么赢怎么厚黑吗？"

第二天聚餐时，她把自己的"重大发现"当作一个笑话讲给其他人听，"我原来以为是在看什么文艺高深的读物，结果居然是成功学啊。"

坐在对面的销售部总监，是那位姑娘直接领导的领导，在去程的飞机上跟我讨论了一路的 Denis Waitley，对 Denis 的自我评估体系推崇备至，甚至准备回去之后跟人力资源部策划一场有关自我认知的培训，听完姑娘的那句话，脸色便立刻不那么好看。

他说，"看来小 P 对成功心理学很有见解啊，要不你跟大家讲讲？"

那姑娘的神色立刻变得有些尴尬，"我没看过……"

"你仅凭书名就能判断一本书是成功学的话，下次市场评估我们连数据都不用做了，看客户公司的名字就行了。"总监露出个标准的皮笑肉不笑的神情。

当晚，她借走我的书，翻了一会儿，讪讪地走过来冲我笑，"我开始还以为是那种三分钟教你搞定老板之类的呢，果然不一样。这作者也是的，为什么就不能取个高大上一点的书名呢。"

"就是为了避开你这种，自以为是以名取书的读者吧。"我腹诽一声。

我曾经参加过一个写作训练群，群里的我们基本上都是菜鸟，常常提问一些非常低能又简单的问题，有人问群主，"你会不会觉得我们这样问特别白痴啊？"

她说，"我不怕你们懵懂，我只怕你们无知。"

懵懂和无知看似孪生，本质却大不相同。

懵懂只是一个不知觉的自然状态，而无知，却是你以为自己知道。

我们常常想象世界，那些并不为我们熟悉的部分是什么样，懵懂只停留在猜测，而无知却是用自己的有限认知偏见去扭曲整个事实。

无知之人不敬畏未知，也无心体尝不同的可能性，他们的生命只是很小的一个圈子，停留在双手双脚所及的范围之内，而视线所及的其他，都是带上自己的偏见眼镜之后的景色。

很多年前，我曾经跟几位朋友讨论起贫穷，那时我还是个非常自以为是的女青年，毫不犹豫地发表意见，"世上没有穷，只有懒，没事别宅在家里，多出去找找机会，现在社会上机会那么多，只要是肯下苦功，哪儿还怕挣不到钱呢？"

有位朋友立刻反驳我的偏狭："你这个想法的前提，是在资源和信息对称的前提下，但大多数的贫穷却恰恰正是因为信息的不均等。"

他说，"你想想那些偏远农村的人，连电脑是什么都不知道，他们哪里会有接触到'送快递'，'开网店'等等这些工作的机会呢。"

后来，我看了一部叫作《穷富翁大作战》的真人秀，由一群香港的有钱人自愿参加，他们被收走一切通信工具、钱包及信用卡，在一个社会底层人士的工作岗位上工作一周，并且不能依靠原来的人际网络。

印象最深的是 G2000 品牌创始人田北辰，他抽中的体验角色是香港街头的流浪汉，流离失所好几天之后，才勉强找到了一份工作，干了不满一天就被开除，没有一分钱的进账。

田北辰在节目结束的时候说："他们就算只是维持生活，也得每天不停地工作，而那无意义却繁重的东西非常消磨人的斗志，它会逐渐腐蚀掉你改善生活的心气儿和力量。因为起点不同，所以我们拥有的并不是一样的选择，我知道自己在做一个有期限的节目，但是对有些人来说，可能就是一生。"

我这才真正意识到，当初说出那段贫穷论的自己有多无知。

到穷困的起跑线带来的绝望是不能仅仅靠斗志，靠努力和所谓的成功思维打战胜的，那些人一直在原地踏步的原因也并不是因为懒，而是因为他们每跨一小步，都需要你我十倍百倍的力量。

我十分感谢那个毫不客气地反驳过我的朋友，如果当时他不讲出那句话，我大概还需要很多年才能明白自己的偏见和狭隘。

新鲜的信息本身就是具有冲击性的，在一个人既成的世界观的价值观里，冲击就意味着颠覆，而颠覆会带来痛苦，为了避免这样的痛苦，只好一层层加固自己的无知。

连岳在《神了》一书中，曾经写过这样一段话：

"成长，能让一个人挣脱丑陋的茧。可惜的是，我们并不是植物，一生下来就开始成长，永不停歇，直到死亡。我们可以在很年轻时停止成长，把生命剩下的所有时间用来美化那层丑陋的茧。这样想来让人觉得特别悲哀,我们没有在挣脱那层茧,反倒停止成长,而美化那层茧。看来化茧太难,美化茧容易。"

当一个人习惯于对自己不熟悉的东西自以为是,他便关闭了自己的信息道路,对近在咫尺的事实和可能性视而不见,将自己关在心智的小黑屋中闭门造车。

请承认自己的懵懂吧,世界那么大,拥有那么多林林总总的可能,但要对自己不懂的东西抱有尊重和好奇,承认自己的认知范围有限,然后才能体面地去拥抱更多的可能。

做个真实的傻瓜,也好过自欺欺人地把自己当成聪明人。

什么都会一点，
你也不会贵一点

我在大学做第一份实习的时候，老板是个美国人。

那年我大二，正是精力充沛好胜心强的年纪，每天恨不得把八个小时当十六个小时用，除了这一份一周只上三天班的翻译工作之外，还做着家教和另一份发传单的兼职。

我那时并不缺钱，或者说，没那么缺钱，只将这五花八门的兼职当作是自己人生的历练，即便是站在街头发传单，都带着一些沾沾自喜的满足和充实，觉得自己获得了什么不可多得的人生阅历。

一次出差的途中我跟他说起自己的生活，每天如何匆忙地去晨读、上课、做兼职，再回学校自习。满以为他会夸我努力上进，可他却十分震惊，"我以为你知道自己的价值，"他不解地问，"你为什么要做这些浪费时间的事呢？"

我反唇相讥，"可这是我人生不同的体验，可以学到些不一样的东西。也不算浪费吧，况且我还年轻……"

"你还年轻,可是你还能年轻多少年?在最好的年龄不去强化自己的优势,时光可不会为你回头的。"他叹口气,"Alice,你真的不知道自己二十几岁的时光有多值钱。也不知道自己有多么宝贵。"

是的,我不知道。

我不知道在我站在街头发传单自以为体验了人生的时候,在我匆匆忙忙而又浅尝辄止的时候,有人埋头憋出了一篇 SCI 横幅高挂,有人研究了某公司近五年的财报顺利进入五百强企业实习,有人报名了全国竞赛一举夺冠,有人拿到了那所大洋彼岸我心仪已久学院的 Offer 去做交换生一年。

那时候我才知道,经验和经验的含金量是不一样的。而经验和经验的差距逐渐积累,真的会决定人生高度的差异。

那天我看到提问的姑娘在后台的留言,看到她去卖衣服,去做健身教练,学英语,学游泳,学跳舞,看她像我当初一样,肆无忌惮的浪费着自己的精力,忽然觉得好可惜。

很多时候,我们并不是没有目标,也不是不知道自己应该做什么,而是不确定自己擅长做什么。

不清楚自己的优势,也就不清楚自己的价值。

什么都喜欢,又什么都不热爱。

什么都能做,却什么都不擅长。

看似忙碌又颓废,其实不过是另一种形式的虚度时光,打造自己独一无二的核心竞争力，才是对自己最大的不辜负。

有人这样问过，"论读书，我不是成绩最好的，工作时，我也不是业绩最优秀的，我会吉他，但登不了台，我会编程，但也仅仅只是个基础水平，我英语好，可也没好到拔尖的地步。我拿什么来培养自己的核心竞争力？是不是只能等着被淘汰了？"

答案是大写的 NO。

《暗时间》中说，"一个人设计自己的发展思路时，考虑的应该是自己独特的优势组合，而不仅仅是单项的突破。"

我并不喜欢从猫扑出来的情感作家 ayawawa，但我十分喜欢她成名时的那句"比我聪明的都没我漂亮，比我漂亮的都没我聪明"。从单纯的美貌或是智商定位上看，她都称不上极致，但是她自创的美貌与智慧的组合，也的确为她成功打下了一片江山，积累了原始的粉丝基础。

在一群会做 PPT 的人里做画画最好看的那个。

在一群把 PS 用得出神入化的人群里做会写字的那个。

在一群优秀程序员中做英语最好的那个。

诚然，优势的组合比单项的突破可以带给人更多的惊喜和进步。但前提是，你认定要发展的优势组合并不是风马牛不相及的累加，所有的组合项，一定要构成内部间的互补和联系。

不想做一辈子的东西，就是该放弃的东西。

你愿意一辈子发传单吗？愿意一辈子做健身教练吗？愿意靠

语言能力谋生吗？愿意有天自己创业卖衣服吗？

把你正在做的每一件事当作一辈子的事去思考，总有那么几件，或许不喜欢，或许不擅长，那是你很快会为自己否决掉的东西。

我们难以做出决断的原因，并不是不清楚自己潜意识里的不喜欢，而是知道自己不会长久地去做这件事，只当作生活里调味的小插曲，去点缀一下自己看上去不太独特的人生。

可插曲太多，终究还是会打乱主旋律的。

而当将其拉长到一生的时光去看时，才会郑重地考虑一个概念：生活回报的最大化。

付出的努力和得到的回报是否能成正比，你的坚持和放弃是否值得，以及，它是否能让你成为自己想要成为的人。

不确定最喜欢什么，那就先确定最不喜欢的东西。

五年之后，你想成为怎样的人？

五年之后，你希望自己坐在管理层的哪个位置？你希望自己的月薪是五万还是两万？你希望自己开着哪一款车，住多少面积的房子，穿什么价位的衣服，拿哪个品牌的包包？

《专注力》一书中提供了"逆向反推"这一个帮助我们集中精力的思路，我们同样可以根据这个方法来确立自己发展道路的大致反向。

如果五年后你希冀的月薪是五万，按一年平均20%的涨幅来算，第一份工作的月薪就不能低于两万五，所在的行业也必须有足够大的薪资弹性和发展空间。

那么问题就会变得简单一些：

在你目前所有可以尝试的选项中，哪一项有机会接近月薪两万五？想要达到这个目标，在这一项上又需要怎样的突破？需要达到什么样的专业度？需要哪些独特的、不可替代的技能？

不符合期望值的选项，请及时放弃它，不要考虑沉没成本，你的未来才最值钱。

如果优势与爱好不一致。

《认识商业》中提到过这样一个问题："你的爱好能为你赚钱吗？"

或许我们也还可以自问一句，你愿意用自己的爱好赚钱吗？

喜欢写作的人，不一定要靠写作维生。喜欢健身的人，也不一定都要去做健身教练。

能够将自己的爱好当作主业固然难得，可生活中也有一些人，会选择将爱好和职业分离开，来保持爱好的纯粹。

爱好和优势的结合固是天赐，做个斜杠青年也未必不是一条出路。

毕竟这世上最为难熬的，不是朝九晚五，而是勉为其难。

你很优秀，但请做到极致。

去日本旅游的时候，常在路边看到一些老店，装点得很不起眼的样子，不主动揽客，一副"你爱进不进"的傲娇。

但就是有人愿意等上两个小时去吃一碗手工的拉面，就是有人愿意推迟航班只为等一身定制的和服。

电影《寿司之神》中的小野二郎，就是这么一个典型的匠人，对食材有着近乎变态的要求。他的店需要提前一个月订位，最低消费三万日元。那络绎不绝的顾客，就是看中那一颗匠心。

做一件事，做好不够，要努力做到最好。

虽说"最"无止境，但进一寸有进一寸的欢喜。

没人知道巅峰在哪。我愿一生投身其中。

止于至善，方得始终。

我为什么
不劝你从头再来

有个小朋友在公众号上给我留言:

"我是学英语的,感觉自己的专业根本就没有前途,现在拿着各种英语资格证书的人,十个里面起码有三个,一点优势也没有。我现在上大二,申请调系的话就要从头开始,虽然感觉浪费了一年半的时间,但是从未来来看的话还算是进步了,你说对吧?求鼓励。"

"那你调系的话要学哪个专业?"我问。

"太理科的肯定不可能,金融啊,国际贸易啊,或者是其他语种也都可以。只要不是这个专业就行了。"

"就没有一个已经确定想要发展的方向吗?"

她很快回过来几个抓狂的表情,"没有啊,我就是想换个新环境,刺激一下自己上进而已。"

我们聊了一个多小时,末了她说,"其实你并不是我留言的第一个公众号,我问了好多人,他们都支持我坚持自己的感觉,勇敢地去做自己啊。你是唯一一个让我放弃这个想法的人哎。虽然我承认你说的都对，但是你知道吗？姐姐你真的一点也不酷。"

一点也……不酷吗？

当然，在这个人人标榜个性宣扬梦想，鼓励放手一搏，提倡跟着感觉走的时候，所有的理智都像是一盆兜头而下的冷水，都像是万花丛中碍眼的荆棘。

我曾经有过一位朋友，我们相遇在一场有关职业发展的讲座上。

回程的路上同车，她一路大吐苦水："你不知道在公司做行政岗多没意思多没前途，整天就是整理整理文件，帮老板送个文件啊签个字什么的，每天的日子像是模子里刻出来的。每天的生活都没新意也没激情，真无聊。"

那时候我还年轻不懂事，顺着她的话茬接下去，"那就换一份工作呗，给自己一个新的开始。"

"你果然也是这么想，"她猛地侧过身来握住我的手，"原来不只是我一个人有这个念头。"

下车之后我们交换了微信，没过两周，就看到她的朋友圈更新了一条：

"换一份工作真的好像脱胎换骨一样爽，新职位我来啦。"配上一杯浓浓的咖啡和兴高采烈的剪刀手。

刚开始的那一段时间，几乎每一天都会被她发的朋友圈刷屏，阳台上的一株多肉长出了新芽，公司老总讲话的PPT，自己重拾英语每一天的打卡，每天的运动记录等等，正能量满满爆棚。

我以为她做出的是正确的选择。

直到约半年之后她约我吃饭，茶过三巡后对我说，"我下周就要离开去上海工作了，不一定什么时候回来，也不一定会回来。"

"调岗吗？今后还回不回来？"

"不是调岗，是我又换工作啦。现在这份工作对我已经没什么新鲜感了，想要换个新的环境重新开始。"她说，"你也知道我中文系毕业的，又没有什么其他的技能和特长，在一个岗位上做久了，真的很无聊。"

她就这样离开了，去了上海，又换了好几份工作，每一份都是边缘岗，每一份都不超过一年。

她在群里说，"感觉自己好失败，比我还小两岁的小朋友都是我的上司，而我什么都没有，什么都不是。"

那是第一次，我意识到自己给出的"那就跳槽啊"的建议，可能是一个无比错误的选择。

无力感，大概是无关年龄，每个人都无法逃脱的一种感觉吧。

像个被关在玻璃瓶里的小虫，无力地往四面八方去试探，觉得一切都有可能，一切都没出路。

一段内容固定的工作，一个前途并不明朗的专业，一个相处了太久的恋人。那样倦怠的，无聊的，稳定的日复一日。

我们太容易被无力感捕获，也太容易为自己的无力感臆想出一个出口——

推翻重来就好了吧。

王小波在《黄金时代》写过这样的一段话：

"自我摧毁是有快感的。所有的下坠行为都伴随着快感，摔破一个罐子，与长时间塑造和建设一个罐子，前者让你享受到更为强大的自我妄想。"

而"重新开始"这四个字，则蕴含着摧毁和塑造的双重魔力。

它太轻易就让我们看到一个未知的、新鲜的、触手可及的世界，迫不及待地推倒我们以为的，生活的高墙，脚步匆匆地向着新的世界出发，以为只要到了新的大陆，一切都会自己好起来的。

可是走到了之后很快又会倦怠，所以只能通过反复而无用的"重启"，为自己枯燥单一的生活注入新鲜感。

掌控自己的生活，从来都不需要重新开始的。

一个人的生活真的会被专业捆绑吗？大学时代大把的资源和闲散时光，你真的利用了吗？

那么多可以去自学的技能，比如语言，比如PS，比如新媒体运营的技巧，比如财务的基本知识，你真的想过去学吗？

一个相处了太久的恋人真的会无趣吗？会被日复一日的柴米油盐从五彩斑斓打磨成黯淡的灰色吗？

还是因为，是你从来都没有一颗能够发掘趣味的心呢？当来自外界的强力刺激感褪去，无论跟谁在一起你是否都会觉得无聊呢？

我们总急着逃离生活，却被自己的心困于高墙之中。

我曾经有一位女友，在一家连锁酒店做着最基础的前台，一做就是3年，当我们都以为她已经被磨平了斗志，准备在这个岗位上老死的时候，听说她一举应聘上行政经理职位的好消息。

聚会的时候大家纷纷打探她的"逆袭史"，她笑容温和眼神淡定，"其实真的没什么，我每天都在偷师我们的经理是怎么待人处事的，怎么处理员工之间的纠纷，怎么平衡各个人的工作量，怎么协调各部门的需求和关系。"

她露出一个狡黠的微笑，"这个工作唯一的好处，就是我的座位正对着她的办公室，而她讲话声音超大还总是不关门。"

她说得轻描淡写，我却知道她付出的远比说出口的更多。

她曾经让我推荐英语学习班，每一个周末风雨无阻地去上课；她曾经拖着我逛书店买下一本本厚厚的有关管理的书籍，每一本都翻得烂熟；她曾经为了将酒店的工作服穿得好看，逼着自己减重了二十多斤。

或许这才是逃离无力感最正确的方式，不是不顾一切地全盘推翻，也不是一味地口称"追梦"而轻易将生活格式化重头来过。

我们需要逃离的从来都不是生活本身，而是自己安于现状、抗拒改变的心智模式。

摆脱不了这种模式的人会一辈子被无力感追捕，东奔西跑疲于奔命，或是干脆抹杀掉自己想要上进的一点点斗志，安于做无力感的猎物，身体活了一大把年龄，心却早已死在了二十多岁的当口。

去"挖生活的墙角"吧，为自己的不安、颓废、无聊、迷茫寻找一条出路，让生活更充实一点，有趣一点。

跟自己的心对抗过，才是我们真正生活过的证明啊。

别人不帮你，
真的不是嫌你 LOW

同学聚会到一半的时候，当年的前桌凑过来问我，"哎，那个小 P 你认识吗？"

"认识，怎么了？"他口中的小 P，是一位小有名气的公众号作者，也是我的好朋友。

"那啥，我不是做了苦哈哈的'公众号狗'吗？每天要编辑好几篇文章推送，你能不能帮我要几个转载授权？我给她公众号留个言，可人家没理我。"

我一边听着他说，一边微信小 P，没两分钟，就收到了她肯定的回复。前桌连声称谢，一边不忘吐槽，"哎，你说，现在的人真是势利，肯定是嫌我 LOW 呗，人家现在写出名气了，哪儿还看得上我啊，还是看你的面子才肯帮忙的……"

"你是怎么问她要的？"我问，小 P 为人一向谦和有礼，绝不是因为对方号小就爱理不理的性格。

他将手机递过来，对话的界面孤零零地躺着几条信息——

"你在吗？"

"在。"

"我想转载。"

"转哪篇？"

"《××××××》。"

然后就再没了下文。我猜出了小P不愿再回应他的原因——

他问你在不在，不说自己想干吗，你问清楚目的之后，他不说转载的篇目，你问了篇目，他不提供公众号ID……接下来，你问了ID，他不声明需要开白名单，你开了白名单，他需要双钩，然后你又要从头开始解释，"双钩请先注明粉丝数量等等，我自动回复里不是已经说过了吗？！"

我甚至跟小P生出了一点心有戚戚的感觉，宁可不搭理，也不想浪费自己的时间。

我19岁去杂志社实习的时候，负责给财经版约采访，跟一些有名的大佬们通过邮件和电话先确定访谈的意向和细节。

第一个月，我发出去的所有约采访的邮件都是石沉大海，眼看马上就要截稿，我还因为没有约到一个采访焦头烂额得起了一圈的火泡，带我的师父老梁看不过去出手相助，中午吃饭时他发出的邮件，下午还没下班就收到了回复。

那时我年轻不懂事，对他大倒苦水，"肯定是看着你资深记者的头衔才给的面子呗，哪像我，没人脉没资历的实习小菜鸟一只,人家搭理我才怪呢。"

"你真的以为对方只是看你头衔低才不理你的?"老梁似笑非笑地看我一眼,将电脑推到我面前,"你自己看。"

我的邮件上只有孤零零的几句话:"您好,我是×××,来自×××杂志社,想要约您本月做一次访谈,不知您是否愿意,烦请回复,谢谢。"

而他的邮件则详细许多:"您好,我是×××杂志社的××,看到贵公司上个月推出的新产品销量很不错,想要对新产品的设计思路跟您约一次访谈,想要约在本月22号之前,大概需要一个小时,如果方便我们可以去贵司采访,本杂志受众多为二十五到三十五岁的青中年,于贵司推出的新产品消费群体恰好一致,不知您是否愿意?"

我目瞪口呆地看着那几句话,老梁在一旁说:"你知道为什么我明知道你是新人,还让你去约采访吗?"

"传媒的本质就是沟通,沟通的本质就是交换,如果你既获得不了别人的帮助,也传达不了自己的优势,那你就还有太远的路要走。走不完这一段,你永远入不了门。"他说。

"获取别人帮助的关键,并不是你有多高的头衔多丰厚的资本,而是你是否可以帮他节省认知成本。"

那是我第一次听说"认知成本"这个词,似懂非懂。而当我毕业,工作了几年之后,自己也带了实习生,才想通了他当初话中的含义。

帮助听话的一方节省认知成本，简而言之，就是理解你的要求，需要他付出多少的脑力。我终于明白了自己的邮件石沉大海的原因——没有哪个老板有时间陪一个实习生一遍遍来回地确认时间、地点、访谈的内容和选择对方合作的原因。

你的请求越清晰详细，他需要思考的东西就越少。他不需要去面对未知的细节和可能性，只需要在自己的行程中粗粗过滤一遍，确定自己能抽出一个小时的时间便好。

常常听到身边的人抱怨，"我给××留言了他不理我"，"客户不接我的电话，怎么办？"以及"明明只是举手之劳，他为什么不帮我？"

答案出奇的简单，那就是：对方为了"理解你"而需要耗费的时间和精力，远远要比他执行"帮助你"这个动作要多。

获取别人的帮助真的很简单，以下几个简单的原则就足够了：

第一，能网上搜到答案的问题，不要去问别人。

"这个单词怎么念？"

"你们公司坐地铁四号线能不能到？"

当这些问题问出口，不仅仅会让你的 LOW 毫发毕现，最重要的是，会让对方立刻察觉出你的不了解和不尊重："原来在他眼里，我不过就是个搜索引擎啊。"

第二，重视对方已经提供的信息。

明明收到了对方邮件的自动回复"我六月三十日休假不在办公室……",还要打电话过去,座机没人接还打手机。

对方明明已经声明了"我这一周都有会议,只有每天晚上七点到八点之后有空",还要反复问,"那请问您什么时候有时间呢?"

还有像我前桌那样的,明明看到了小P自动设置的转载须知,却偏偏视若无睹、自说自话的人。

岂止是"不想帮"这么简单?分分钟想拉黑啊。

第三,了解基本的常识和礼貌。

早上七点以前,晚上九点以后不要骚扰对方,除非你已知并确认对方的出没时间与常人不同。

除非是很熟的关系,提出请求之前记得自报家门,不要默认别人会自动记得你的姓名来历,即使人家记得,你再重复一遍也没有错。

一定要有礼貌好吗?

"请""谢谢""能不能"是基本的用语配置,不要总用一副债主的口气提要求,如果是用英语写作,句子开头千万不要用祈使句"Need you……"或是"Pay attention to……"之类,加一个"please"或是"can you",真的不会死。

第四,提供尽可能简洁但是有用的信息。

除了双方关系、特殊事件的影响外,被请求的那一方决定是否愿意帮助你的那一瞬间,他的想法通常很简单,"在所有的请求中，你提出的是不是最少消耗我认知能力的一个。"

写了一屏都刷不完的邮件和写了一句话的请求效果一样。

一个不想看，一个看不懂。把握好信息的浓度和重点，不要浪费别人的时间，也不要无视别人的大脑。

第五，努力证明自己是"值得帮"的人。

想要证明自己是个"值得别人帮助"的人，首先要理解对方的价值，你不能把一道小学应用题发给高等数学的教授求助，也最好不要问一个身价千万的大佬，"能不能给我推荐一个成功学的书单？"

这世界上如果有冷屁股存在的话，一定是为这些人准备的。

求助之前做好充分的调研，准备足够的理由告诉对方，也告诉自己，"为什么我来求助你而不是别人"，只有让对方意识到他在你心目中的价值，他才愿意把这个价值分享给你。

同理，你也需要通过"帮助我你能得到什么"来证明自己的意义。

如果你可以回报给对方资源、财富、人脉等等，不妨在提出请求的时候就明确自己的优势，如果你不能，那你至少可以回报给对方的东西，就叫作"感谢"，通过表达感谢来证明对方的价值，也是提供回报的一种形式。

你可以 LOW，但一定要真诚。

我也只能帮你到这儿了。

辑二
你的问题
才不是不努力

你这个病，
叫作太爱思考人生

我家小妹妹有天气冲冲地将一摞子书往桌上一堆，像是受了天大的委屈一样撅起嘴："我不学习了，也不考什么雅思了！考了又怎么样，又不一定能出国，出了国也不一定能过得好，没意思。"

家中的长辈纷纷开始苦口婆心地劝慰她："你要好好学习给家人脸上增光啊""说不定会成为一个女科学家啊""优秀就是你的意义啊"等老生常谈。

小妹妹在这样的攻势下赶快服软，一边从善如流地说着"爸妈叔姨你们说得对，我这就回去看书……"，一边健步如飞，逃也似的溜进我的书房，转身关上门就忍不住抛出一个硕大的白眼。

我正在看好戏的表情被她抓了个正着，她问我："姐姐你是不是也觉得我有病得治，治好之后，好好努力光大门楣，留下些不朽事迹什么的？"

"朽不朽的就说远了，有病得治倒是真的。"我毫不客气地打击了她。

她颓然地往我身边一坐,像是只被雨淋得精湿、垂头丧气的小鸡:"我就是觉得,我这么努力挺没意思的,好不容易上大学了,没有一场说走就走的旅行,没谈场恋爱,连课都没逃过几节。"

"可是你经历了许多其他的事情啊。"我记得她参加了志愿者队,在破旧肮脏的宠物救助站里露出小太阳一般的微笑;记得她参加了商业实践社,才大二的时候就做出了一份有关校园地摊生意的详细商业计划书;记得她有多少时间泡在图书馆里,每周兴致勃勃地跟我说,今天又借到了一本特别好看的书;还记得她学会了轮滑,参加了广播站的录音。她比我见过的大多数人都过得认真快活。

她悻悻地叹口气:"本来我觉得自己的生活挺充实的,可是我们宿舍昨天卧谈,一下子就觉得努力是件特别没意思的事儿,还不如跟她们及时享乐,一起去逛街吃东西买衣服来得快活。"

这个让她"万念俱灰"的神逻辑,叫作"然而并没有什么用"。

大意就是:你这么努力也不见得就能考个好成绩啊,考个好成绩也不见得就能出国啊,出了国找不找得到工作也不一定,背井离乡人生地不熟的,也不见得快活啊。所以,还不如趁现在可以快活的时候,好好享受更加直接有效呢。

听上去好有道理的样子。

大概所有的努力、优秀、奋斗、梦想都是太经不起推敲的词汇，它们加起来都远不如一根烤鸡翅来得实在，不知道有多少次听过这样类似的话：

你那么拼命有什么用，好像认真就能升职似的。

你每天跑步有什么用，好像瘦了就能找到男朋友似的。

你看那么多书有什么用，能给这世界带来什么益处。

说出这些话的人往往有着看破红尘超凡脱俗的眼神，他们用先知一般的语气告诉你，然而并没有什么用，还不如遵从本心及时行乐的好，毕竟没人是贱骨头，放着现成的快活不取，偏偏要去谋求一个根本看不见结果的以后。

而被问这些话的人通常心里没底，因为他们很有可能还没有取得什么实际的成果，也就不能反驳这些谬论。所以，他们要么被这些强力炮弹炸得信心全无，万念俱灰；要么就死鸭子嘴硬，坚称一切努力都会得到报酬，然后在每一个徒劳无功的午夜，偷偷地叹一口气，问自己他们说的是不是对的。

是对的，当然。

所谓意义，最终也不就是尘归尘，土归土的遗忘吗？自古江东多才俊，名留青史能几人，唯一被记得的那几个，或许还是因为运气好呢？

就是因为她们说的这些，都是不能再正确的事情。所以，思考人生本来就是个给自己找不痛快的活动。

我十几岁的时候，在书上看到杨绛在某篇回信里说过一句话：

"你就是读书太少而又想得太多。"当时我还在沾沾自喜,觉得自己其实算是个阅读量挺大,有那么一点儿资格去想的人,于是屡次将自己陷入"然而并没有什么用"的死局,然后又得靠着大量的鸡血鸡汤,慢慢吊着一点儿心气,用很长的时间复原。

直到某天,我被一位姐姐教育:"你年纪轻轻,别思考什么人生,自己的事情都还没做到最好,偏偏要摆出一副看破红尘的姿态,你读过一百本书怎样,一千本书又怎样,自己没有走完一遭的时候,是无论如何都不会懂得的。"

说来也好笑,思考人生的大军往往都是二十出头的年轻人,刚刚脱去未成年人的青葱稚气,又没有步入中年的焦头烂额,于是有大把的时间用来思考:我做这件事到底是为了什么,我有什么梦想,我努力的意义是什么,我的人生有什么特别。

然后越想越心虚,直到将自己变成个颓唐萎靡的中年人,再反过来荼毒下一辈的年轻人:一切都是无意义的,一切都是然并卵。

可怕的是,他们说的都对。

你今天读了三百页书,听写了五十个单词,跑了五公里夜跑,参加了四个小时的培训。

这些所有的所有,对于一年以后,十年以后,三十年以后的你自己,可能真的并没有任何意义。

时光本来就是那么漫长的东西,以至于每个人穷其一生的努力，和毕生向往的优秀都会像糖丝一样被拉长，越来越稀薄，越来越微弱，直到消失不见，像一场不曾存在过的镜花水月一样。

可是它对于今天的你，就是有意义的——让你晚上入睡的时候可以不那么心虚，不会后悔自己又虚度了一天。不会又无聊又痛苦地刷着微博微信催眠，然后第二天清晨陷入一个"好痛苦"的死循环。

这就是你的人生，经不得深思，经不得细想，经不得放大拉长到整个时光之路去看去体会的人生。

所以，你还有许许多多的这样的一天，可以充实地去活然后满足地睡去。

你还那么年轻，何必去思考什么人生呢。

别再用高冷当借口了，
你只是没修养而已

紫荆小姐打电话来的时候正是半夜，电话那头隐约的啜泣配着窗外淅沥的雨，简直有种《午夜凶铃》的即视感。

她在电话那头哽咽得逻辑混乱："我难道就这么丑吗？他连下车见我一面都不愿意。我要出家，不想再见人了！"

我劝慰她许久，才听到了她完整的故事经历。

热心的公司大姐介绍了个相亲对象给她，她本来是拒绝的，却抵不过大姐的软磨硬泡和含沙射影："人家小伙子可优秀了，你可要把握机会，女人啊，最好看的不过就是那几年，你过了这个年龄，想再遇到这么优秀的人可就难了。"

秉持着对大姐的一贯敷衍，和对她口中"特优单身男青年"的一丝好奇，紫荆小姐最终还是没有拉得下脸拒绝。在大姐殷勤地张罗下，很快两人就决定了见面的时间地点。而那位大姐更是好人做到底，不顾紫荆小姐的强烈反对，提出陪她一起"初面"。

可就在约定时间到了的几分钟里，大姐先是接了个电话，然后面色有点微妙地找个借口走到一旁,没过一会儿,又挂着更加尴尬的神情对她说:"紫荆啊,要不咱今天也别等了,姐请你喝咖啡去。"

紫荆小姐丈二和尚摸不着头脑:"他有事来不了了吗,怎么不早说?"

大姐的神情里开始透出一点怜悯和强装出来的不忿:"这小伙子……人倒是来了,就刚才停在你旁边的那辆黑车……可能是刚到又发现有其他事儿了吧,让我跟你说一声,他就不下车了。"

只剩下紫荆小姐顿时愣在当场。而大姐连忙安慰她道:"这小伙人还是很优秀的,就是有点儿不体贴,用现在流行的话说叫作高冷,你也别生气,我下次见他一定好好说说他。"

"他有资本骄傲,我就没有吗?凭什么这样羞辱我!"电话里她的声音越来越大,已然从开始的委屈变成了愤怒。

"事后也没有打个电话,或是发个微信道歉吗?"

"没有!所以我拉黑了他,并且非常严肃地跟那个姐姐说,今后永远不要再给我介绍对象了,我宁愿单身一辈子,也不想再遇到这样的极品。哪儿来的见鬼的高冷,不过是没教养而已!"

我深为紫荆小姐那最后一句精辟的总结叫好。

另外一个身边的故事,是朋友公司新来的实习生,看上去聪明伶俐的一个女孩子,平时在办公室也是老师长老师短地称呼,工作麻利又认真,除了平时不大开口说话,一切都十分完美。直到有一次公司组织员工活动，车上全办公室的人都到齐了，就等她一个人。朋友连连发微信催她，而这位小朋友不仅姗姗来迟，而且丝毫没有歉意地扭头看了一眼朋友："老师，要不是你一直叫我，我才不来呢，这种活动有什么意思啊，还不如在家看电视呢。"说罢就"高冷"地拉下帽子挡着脸，自顾自地睡觉去了。

朋友恨得牙痒痒："你不想去不会提前说啊，摆出一副眼底无一物的白富美模样，家教都用来吃了吗？"

后来试用期一到，朋友几乎没有犹豫就决定炒掉她："工作上她什么不会，我都可以教，可你说这么大孩子了，教养这种东西不能也要靠我吧。这样的人总是要多碰碰壁，才能学会基本的礼貌。"

这是个霸道总裁和高冷女神垄断所有少男少女心的时代，不管一个男人/女人对着其他人有多蛮不讲理有多冷漠无情，只要他对自己心爱的人是好的，其余抱怨他/她不好的人就只能是"吃不到葡萄嫌葡萄酸"。

使唤别人帮忙从来不说谢谢，约定好的时间迟到了永远不会抱歉，给别人造成了困扰觉得理直气壮，对着一切人一切事都是一副我不想解释你也不配听的"高冷"脸。

别傻了，这才不是高冷呢，不过是没修养罢了。

真正的高冷，是温和谦逊下的疏离淡然，是千帆阅尽之后的宽广包容，是知道天有多高地有多厚之后，心怀敬畏与感恩。即便不会打诨逗乐,也会让人觉得如沐春风,不炙热也不冰凉,跟所有的人保持适当疏远的距离,喜欢孤单,也能够很好地与人相处。

不会聊些家长里短的是非八卦,也不会整天把一些玄乎其玄的"赫尔博斯""融资""马拉巴黑胡椒"挂在嘴边;不会跟你勾肩搭背,也绝不会让你尴尬到无地自处;不会殷勤到为你买姨妈巾,也绝不会忘记每次就座的时候帮你拉开椅子。

不会炫耀也不会自卑,不会谄媚奉承也不会肆意践踏别人的自尊。对每个人赋予平等的尊重,不失掉作为一个人最起码的礼貌,这才是最基本的修养和素质。

至于那些自认为"高冷"且乐在其中的人,就让他做梦下去吧。

且等时光年年过,看他高冷坑死谁。

你的问题
才不是不努力

上周去参加一个有关时间学习的讲座,提问环节的时候有个小姑娘站起来说,"我之前听过很多个相关的讲座,也试过很多方法,可是不管怎么样最后都还是没治好懒癌……"

她的声音带着年轻人特有的青涩和锐气,"真的,每一个方法我都很用心地去试过的,可是最终都没什么成效。这是为什么?难道还是方法不对吗?"

"你坚持过最久的方法,大概保持了多少天?"讲师问。

"十天左右吧。"小姑娘想了想回答,"我平时特别关注时间管理这个方面,所以除过听讲座之外自己也会去看很多书,每一个方法我都想试试,直到找到最好的为止。"

她扬扬手中写满密密麻麻笔记本子,像是在补充自己的话。

"那有没有想过,把一个方法坚持 30 天,三个月或是更久试试看?"

"可是那就来不及了呀,"小姑娘说,"如果那个方法不是最好的,但是我却一直在用,岂不是在浪费时间吗?我一直在寻找最适合自己的方法,可是也一直都没有找到。"

我听着他们的对话,忽然就想起我家小妹妹临近高考的时候,曾经创下每一周都会去买一本新的习题册的疯狂记录,每一本都写了不到三分之一,就被她弃如敝屣地塞进书架的角落。

"不能一本认真做完再买下一本吗?"我问。

"没时间了啊,"她用那种急迫的,近乎暴躁的语气回答我,"我还剩下不到五个月了耶,哪有时间一本本做过去,当然是听大家说那本好就直接去用更好的那本喽。"

她指着那些已经被扔在各个角落的试卷集,烦躁得像一头小狮子,"这么多,我怎么能做得完。"

她书案上现在摆着的那本,是某个网校的学员投票最高的推荐备考辅导书。刚买回来三天,已经被翻去了近一半,我在书房看书的时候,也总能听到来自她不足一分钟就翻动书本的声音,急急翻页的动作都透着焦急和浮躁。

不难猜到,她一定又是从某处听到了另一本"别人推荐"的书,于是急于证明"我手头这本是不够好的",然后匆匆投入新的寻找、尝试和放弃之中。

你看她悬梁刺股,你看她黉夜奋笔,你看她天不亮就顶着厚重的黑眼圈开始温书,你看她走笔如飞地在纸上写写画画,分秒必争。

我知道她有多辛苦，却也知道她即便如此辛苦，月考成绩依然停滞不前的原因。

这世界上真的会有一本所谓的王牌参考书，可以被当作制胜的法宝吗？像是阿拉丁的神灯，只要拥有了就能实现你的愿望吗？只要做完了它，就可以一路畅通无阻直入康庄大道么？

我想并不是的。

日本作家古川武士在《坚持，一种可以养成的习惯》中，将"坚持"比喻成为"复利"的说法。坚持所产生的效果会通过"等比级数"的方法进行累加和倍增，初期的时候可能成效很慢，但是到了某个时期就会产生爆发性的效果。

但是问题是，你可以坚持到量变引发质变的那一天吗？

习惯的养成可以分为以下三个阶段：

虽然反抗期看似是我们意志力最薄弱的时候，但是放弃在不稳定期中的人数比率，竟高达 40%。

原定的学习计划被加班打扰，看到别人在用的参考书跟自己不一样，看到别人下班之后吃大餐而自己还得健身，以及，坚持了那么久依然没有看到什么明显的成效。

那么多人就这样倒在了长跑的半途，可更重要的是，有许多人会像开头的那个小姑娘一样，为自己的放弃取一个好听而又理直气壮的名字，叫作"寻找更好的方法"。

有时候我们不成功，并不是在于不够努力，而是永远都在半途而废，永远都在寻找，一个"听上去更好"的方法，一个"看上去更好"的方向。

像是那个急于挖出地下水的农夫，在每一个地方浅尝辄止的挖一个洞，一个又一个，直到自己筋疲力尽之后失落地离开，却不知道水源就在他刚开始就放弃了的地方，那更下面一点点的深处。

我很喜欢李笑来老师的一句话：

"一个人最终成功，并不是因为他曾经精确地计划过自己的成功，关键在于他的坚持。"

生活提供的选项太多，我们太难定义"最好"或是"最合适"，而孜孜不倦地试图寻找"更好"，那些以"更好"为理由的半途而废，是最最浪费时间的事，因为你无法穷尽这世界的每一种可能，并且在这每一种可能里像一个仪器一样，做最精密的，毫厘不差的判断。

而"摇摆不定"则是最消耗人的事，它让我们轻率，让我们懊悔，让我们浮躁，让我们茫然，让我们浅尝辄止。

所有的质变都是量变一点一滴的积累而来，而在这个漫长的过程中，我们能做的不过是坚持下去而已。

在坚持的过程中，古川武士将习惯的养成分为行为习惯、身体习惯和思考习惯。

在反抗期中，我们放弃的大多数原因是行为习惯向身体习惯转化的失败。

当我们迫使自己去阅读，去整理屋子，去记录每天的收支等等，行为习惯只是意志力和偷懒欲望的较量，想要将某一习惯长期坚持下去，还需要让身体的节奏也逐渐适应想要养成的习惯。

适应每天早上清晨的晨光，或者黎明中的晨跑。

适应晚饭不超过500卡的配餐。

适应阅读带给自己的沉淀、宁静和享受。

当身体习惯逐渐养成的时候，我们就顺利地度过了反抗期，开始进入不稳定期和倦怠期的循环。

常听到有人这样说："为什么我一个月读了十几本书，可还是觉得自己没有收获？"或者"是不是我运动的方法不对，为什么我跑了一个月步也没有瘦下来？"等等。

这时我们需要的，则是将身体习惯进一步发展，转变为思考习惯后才能坚持下去。

在阅读中培养自己的逻辑思维能力，使它逐渐内化为一种"不盲从，不偏信"的习惯，遇事多想几个为什么。

在健身中培养自己的正向思维能力，不总是拘泥于体重轻了多少公斤或者跑掉了多少卡路里，将重心放在关注自己健康的长远目标。

在整理家务中学会放松，通过"断舍离"给自己的生活减压。

只有到了思想习惯的这一步，你所做的努力才不会看起来像是在外力逼迫下的浅尝辄止。

　　习惯的养成全靠内功，但是并不意味着我们不能在这一过程中添加人为的助力，在咬牙坚持的时候，不断给予一个人"胡萝卜＋大棒"的正反向刺激，可以让坚持的过程更有动力一点。

　　举健身为例，正向的刺激可以是夸赞，可以是减掉三斤之后奖励一件漂亮的衣服，也可以在健身的过程中设计一些小惊喜，每隔一周选择一条不同的路来跑，让新选择带来的新奇感冲散重复性动作产生的倦怠。

　　反向的刺激则可以是找朋友监督，没有完成当天的健身计划惩罚自己不许玩手机，或者为自己买下一双昂贵的跑鞋，告诉自己，如果不坚持下去则会前功尽弃。

　　《坚持，一种可以养成的习惯》一书中提供了十二项"持续开关"，也正是以正反向刺激相结合的方式让坚持变得更加容易。

　　我们有那么多方法可供选择，可是真正重要的并不是方法的数量，而是你是否可以将某一方法真正地坚持下去，并内化为自己所有。

　　你已经那么努力了，看上去那么勤奋又拼命。

　　但是，请别在像玻璃窗上的那只小蜜蜂一样，永远在茫然地左冲右突。

　　你的问题才不是不努力，不过是太容易放弃而已。

我爱钱啊，
那你呢？

某次，带部门的实习生小姑娘一起出差做项目，回程买票的时候，刷卡机出现临时故障，于是我们各自付了现金买票。周二我拿着发票去报销，顺路叫她同去时，小姑娘却连忙摆手："没事儿，没多少钱，我自己付了就行。"

"出差是公事，没理由让你自己掏腰包。"我说。

她继续摆手："真的，我这趟出去收获挺大的，报不报销真的没关系的。"

"你这是想做救难的子贡吗？今后要是没人愿意出差了，我可只找你啊。"我逗她。

她愣了几秒才反应过来，然后赶快地从钱包里掏出发票跟我同去。从财务室回来的时候，她忽然没头没脑地冒出一句："姐姐，其实我真的不是一个爱钱的人……不报销也没关系的。"

"是吧？可是我爱啊，特别爱，你就当是陪我吧。"我顺口回答她。

她莞尔，抱住我的胳膊撒娇："你不知道，我们面试的时候有个同学可搞笑了，面试官告诉他说实习期月薪两千五，他居然回答了一句：'两千五太多了，实习的时候是来学习的，给我一千，够每天的交通费就行了'。"

她又说："我当时真的震惊了，好担心万一公司看中他这么大公无私的精神，把我们都赶走只留下他一个人啊。"

"所以你就连报销都不敢来了？"

她涨红了一张粉脸，小心翼翼地看向我："我就是担心……公司会觉得我是个眼界狭窄只向钱看，不愿意奉献和付出的人。"

可是奉献和付出，从来都跟爱不爱钱没有关系啊。

最好的奉献，不就是利用好公司提供的所有资源，努力地让自己成长，成为一个能为公司花钱也能给公司挣钱的人吗？

我还记得刚刚入职的时候，跟一位管人力的前辈聊天，他曾经跟我讲过的那段话：

"那些开口要价就比平均水平低的人，一般都有三种可能。第一，他对这个行业根本就不了解，只是瞎猫碰到死耗子地来投个简历面试看看。第二，他不清楚自己的水平和能力，不清楚自己能做什么，想做什么。第三，他一定是个自尊心或者虚荣心特别强的人，显示自己清高，暗示自己完美。"

"第一种人和第二种人，因为缺乏对行业、公司乃至对自己的了解，通常待不了多久就会觉得这个岗位很乏味或是根本不适合自己,然后就会主动离职。不过最可怕的还是第三种人,摆出一副什么都不要的架势,其实心里什么都想要,看到其他人主动开口,他们自己又拉不下脸,所以往往会心理不平衡,不仅给公司创造不了什么,拖项目后腿的十有八九都是这一些人。"

末了,前辈说:"承认自己爱钱有什么不好,你只有爱钱才能生钱啊,自己都不爱钱,怎么给公司创造利益?真不知道这些年轻人都在想什么。"

我带过最成功的实习生,好像也并不是最会给公司省钱的那个,相反,他会主动来找我讨要各种资源、培训和出差的机会。我曾经问过他为什么这么喜欢出差,而他给我的回答简单坦诚到粗暴:

"因为钱多嘛。拿的钱越多,我才越有动力好好干下去,不断逼自己去提高,只有有利可图的时候才值得拼命啊。"

他独立带项目的时候,离进公司还不满一年。

《马太福音》中有过这样一段话:

因为凡有的,还要加给他,叫他有余;没有的,连他所有的也要夺过来。

这句话,曾经常常被某些伪公知视为资本经济"富者愈富,穷者愈贫"的理论依据,并加以攻击,可这个故事原本的意义却并不在此。

那些有信心、随时预备好的、忠诚的人会受到奖赏,所以要叫他有余；而那些怠懒的、爱狡辩的和总是消极的人则会受到惩罚，将他所有的也要夺过来。

只有爱钱的人才能创造钱，而不爱钱的人，十之八九也没有多爱惜自己。

曾经在一本书上看到过一句话："当一个人开始承认金钱的意义，那他才真正成为一个成年人。"

如果有人一生坚持自己不爱钱，乃至于公开声明反对对金钱的追求，那么他不是一个虚伪而清高的酸文人，便是一个不自知且不自信的可怜虫。

我想起认识的一个姑娘，毕业之后她一个人孤零零地北漂，每天下班抱着电脑到咖啡馆蹭网，点一杯最便宜的咖啡一直坐到打烊，顶着服务生鄙夷和怀疑的眼神，写一篇又一篇的软文，接一个又一个的广告，不管遇到多难缠和变态的甲方，她从来没有主动放弃过任何一个微小的机会。

"每天这么累，真的值吗？"我曾经问过她。

她像一朵过早开放的花，才25岁，就已经被疲惫和世故爬满了眉梢，竟看不出一点儿年轻人的稚气和青涩，仿佛那样青春的躯体里借住的，是一个已经枯萎了一半的灵魂。

"赚钱累，可是没钱更累啊。"她想也没想地回答我。

"住地下室算什么，下雨的时候漏水，一到秋冬返潮每天晚上被子都干不了。"

"一个方案改十遍算什么，还有客户半夜三点专程打电话骂我是垃圾。谁让我本来就不是专业出身，没名气也没公司替我撑腰,听他骂你还得赔笑脸,然后一边哭一边改方案都是家常便饭。"

"我遇到最变态的甲方，是那种掏了两千块买了你的方案，还死活拖着不给钱，等你请客吃饭他们才给结账的。我天天中午顶着大太阳，坐好几站公交车去甲方的办公室守着负责结账的会计吃饭回来，在大厅里站到腿肿，才在第三周拿到钱。"

她苦笑一声："生活简直就是《甄嬛传》的现实版，你以为自己不争不抢守好本分就行了，可是生活不会轻易放过你啊，住房、看病、交际、学习，甚至是结了婚有了小孩，哪一样会因为你安分守己就少从你口袋掏点钱啊。"

"我也是想了好多个月才明白，与其被钱逼着向前走，还不如我自己主动去追求它。趁着年轻多赚一点，省得到了40岁的时候还得操心还房贷。"说着这话的她，终于在五环外为自己交清了一间40平小居室的首付。

"没钱就没自尊，没钱就没底气。我现在就是后悔，当初穷酸爱面子了那么些时间，多亏啊。"

或许，每个人在还年轻不懂事的时候，都曾经有过那段生怕跟钱扯上关系的清高和敏感吧。

生怕因为爱钱而显得庸俗，生怕因为爱钱而被人看低。

一边努力扮演大方洒脱不在意的样子，一边深恼自己的不果断和不勇敢。

可是总有一天，年轻人会长大的。

会褪去那些在书本上学来的酸腐和青涩，会理直气壮名正言顺地为自己争取，会变得坦诚，会清楚地知道自己的价值，和这样的价值应得的价格。

没有什么东西比金钱带来的动力和痛苦更能推动一个人前进，甚至于可以说，如果每个人都可以坦诚面对自己对金钱的欲望，这个社会甚至会少掉很多抱怨和钩心斗角。

抱怨本身是不会创造任何价值的，当不爱钱的人还在靠吐槽和发泄释放不满时，爱钱的人早就已经开始想办法解决、改变，从而最终让自己收益。

当声称"我不缺钱也不爱钱"的人还在暗地里使绊子、拖后腿、说风凉话的时候，爱钱的人则会让自己跳出斤斤计较的小圈子，让自己能够看得更远更长，摆脱任何微不足道如同蜂刺的阴谋诡计，让自己向更明亮的地方，更有钱的地方奔跑。

要爱钱啊，为什么不呢？

这世界上还有比金钱更赤裸和热烈的肯定吗？

还有比金钱更温热和实际的回应吗？

还有比金钱带来的富足、笃定更让人安心的感觉吗？

你能创造多少价值，就能得到多少回报，是这个冷冰冰的商业社会最公正也最美丽的逻辑。

我就是爱钱啊。

如同爱秋日狭窄的一抹的夕阳和夏天黎明草坪上的薄露，如同爱春日枝头那一朵颤巍巍初开的紫荆花。

如同爱磊落、干净、喜悦、充实，以及一切美好、自带光明的词汇。

如同爱他的微笑和关心，或者她的掌纹和温柔。

不加掩饰地，这样赤裸裸地爱着，并一生为获得它、保有它、善用它而奋斗。

"不公平"
如何毁掉一个人

小A和小B来实习的时候,都是尚未毕业的大三学生。在能够独立负责自己的项目之前,两人都被分到其他人的项目里,一边打杂一边学习。

我是多么羡慕挑走了小A的同事,在忙得人仰马翻、没有时间起身倒水的时候,小姑娘总会特别有眼色地走过来,装作不动声色地跟她打招呼:"姐,我正好要接水,帮你也倒一点儿吧。"或者是每天下班之后都还勤勉地拿着笔记本过来请教,顺便问一句,"有没有什么我可以帮忙的?"

相比之下,分到我手中的小B,如果每天不是我主动叫她"来,我给你讲讲这个……",她大概永远也不会主动走到我桌前来问问题或是聊天。虽然学习起来也十分认真,可怎么看,都没有像小A那种积极的程度。

况且比起小B的温文有礼,小A的八面玲珑也的确更受欢迎一点儿。带她的同事天天夸奖:"真是不容易,这姑娘性格真好,情商也高,眼睛里特别有活儿,一点儿眼高手低的毛病都没有。"屡屡换来其他人又羡慕又嫉妒的白眼。

而小 B 永远默默地坐在她的座位上,或是翻看着当天的培训笔记,或是练习着 Excel、PPT 等各种排版软件的做法。偶尔遇到问题的时候,她会默默看着我,直到看我停下手上的工作,才会走过来轻声细语地问一句:"姐姐,能不能帮我看一下……"

就这样过去几个月,到了她们也可以参与项目的时候,所有人对小 A 的评价都要比小 B 高出好一截。

她们协助的第一个项目——某汽车广告的文案,两个人都热情满满地提前完成了任务。开会的时候,部门老大点评两人的"作业",说到小 A 的时候,表扬了几句"新人能够做到这个程度很不错了"然后一笔带过,反倒是把小 B 的作品仔仔细细地分析了一遍,并提出了修改意见,这就是初步定版的意思了。

散会后,小 B 立刻回去修改她的方案。而开会前志得意满的小 A,破天荒地叹了口气。

"第一次做嘛,不要这么在意。"我们安慰她。

她盈盈的眼睛望过来,一副真诚又委屈的样子:"我倒不是在意这个……只是觉得成长经历真的很重要,我是个普通家庭里的小孩,到现在家里也没车,所以对汽车真的是一点儿也不了解,不像小 B,从小坐专车的大小姐,她写起这个来就游刃有余得多了。我这是真的输在了起跑线上啊。"

同事点点头："这样啊……没事儿，我回头跟老大解释一下，他不会因为这个就觉得你不好的。今后还有很多项目可以做，加油就是了。"

小A点点头，露出她一贯乐天派的笑容："我会努力的。"

可是在后来的许多项目中，我越来越频繁地听到小A在旁边带着撒娇似的抱怨。

"昨天堵车太严重了，本来一个小时的路程，结果两个半小时还没到。我过去客户都已经下班了，所以没能及时地拿到客户的反馈意见……我今天一定加班做。"

"我的破手机昨晚没电了，你给我打电话我也没听到，直到今天早上才发现……我现在就去改。"

"咱们这个客户要求真是多，明明我用的就是正红，他们非要挑三拣四地改来改去，所以进度整个就晚了，我今天哪怕不眠不休也要赶上。"

她每每说着这话的时候，都不忘记跟身边的人做对比。比方说有意无意地提到同事自己开车可以抄小路所以不堵，比方说提到小B生日时她父亲送的iPhone玫瑰金。然后在加班加点之后，又生出新的抱怨："起点低就是没办法，谁让我家境比不上人家运气也比不上人家呢。"

几个月之后，我们所有人的耳朵都生出厚厚的老茧，仿佛只有她没有车，只有她没有落着个土豪的爹，又偏偏落着个倒霉催的变态客户。

老大终于忍无可忍，叫我到一边说："你们俩年龄差的近，有时间劝劝她，别一天到晚把这些话挂在嘴上，好像全世界都对她不公平似的。"

我旁敲侧击地劝她："虽然每个人手中的资源不大平衡，但是你已经很厉害了，考进那么好的学校，一上大学，就跟重新洗牌了一样。"

她撇撇嘴打断我："可是我那时候多努力啊，每天晚上学到一两点才睡，如果我也有钱有资源的话，考清华北大应该也没什么问题。"她看向我，压低声音神秘兮兮地说，"姐，你知道的吧，高考试题掏钱是能买到的，听说小B他们那种重点中学，每年都会贿赂一些头头，弄来几道大题让学生练，简直就是送分啊。"

末了，她又感慨一句："上了大学还不是一样，他们那些有钱的孩子就去报各种培训班，参加各种party发展人脉，哪儿像我们这些穷学生……"

"穷学生也可以去参加社团的吧，社团又不要钱。"我终于忍无可忍地打断她，觉得这样的对话好无力。

她所有的缺点和弱门都可以被归咎于这社会的不公平，相貌、身高、际遇、眼界、能力，无一例外地归咎为出身不够优越而带来的缺陷。她所有的错误都是客观因素造成，她无论怎么努力都丝毫改变不了这不公平的现状。

她永远看不到小B的加班，深夜里还在线回复着刁难的客户，一边灌着黑咖啡一边应对客户对颜色字体等细枝末节的刁难。她看不到别人的努力，只能看到不公平，然后将这不公平越扩越大越描越黑，逐渐变成一个永世无法逾越的鸿沟。

诚然，从出生开始每个人都会面对各种各样的不公平，她是皇室的公主，你是贫民窟里的少年，即便这两个人有一天能够站到同一高度，那贫民窟的少年付出的努力，走过的弯路，都必将比公主多出许多许多。

他们的出身见地、资源人脉、生活方式，从出生开始就是云泥之别。这是大多数人，没有办法修改的开始和没有办法逃避的困境。

可人的一生，不就是用尽自己所有努力，将这本来倾斜的杠杆慢慢扳平的过程吗？哪怕不能扳至水平线，进一寸也有进一寸的欢喜。

你跟她上了同一所大学，进了同一家公司，做着同样的工作。这就是那不公平的世界对你的让步。

可是这些话我并没有机会告诉小A，她因为盗用他人设计方案被老大叫去谈话。我记得她在办公室里爆发出不忿的大喊："这世界对我这么不公平了，我无论怎么努力都没有用，那么我用不太公正的手段想要扳回一局有什么错。"

她离开之后，老大说："其实我们今年，是打算招两个人的……"

小A的业务能力虽然没有小B出色,可是她十分擅长与人打交道,很适合做最后一个环节的客户沟通,只是,"还是可惜了。"光脑袋的老大摇摇头叹口气。

你看,这就是不公平如何毁掉一个人的生活。

起初,它用"不平衡"让你心存怨怼缩手缩脚,为你找一个不用付出100%却能心安理得的理由,然后逐渐让你习惯在失落感和挫败感中寻求乐趣。让你一步步失去自省的能力,给自己找到摒弃底线的特权和借口。然后陷入一个自怨自艾与自怜自哀的恶性循环。

它让你觉得所有的付出都是白搭,而只有得到是理所应当。它辜负你,却让你在这辜负中找到一点因为有替罪羊而不必自责愧疚的甜头,然后一步步,让你开始享受被辜负的滋味。让你逐渐抛却教养,抛却真诚,让你在所有场合面对所有人,都"不惮以最坏的恶意去揣度他人"。

它让你不再相信自己,不再相信哪怕是一丁点的可以谋求的公平,不再思考如何运用现有的资源而不是一味地抱怨与哀叹,不再相信你个人努力能够达到的,可能比你想象的要多出很多。

然后直到你众叛亲离一事无成,它还会蒙住你的眼睛让你感叹——

"这是多不公平的世界啊。"

比舒适更重要的，
是一个人的成长

我家妹妹去上海实习一个月回来，委屈地哭诉，"我再也不想离开家了，以后找工作也要找本地的，工资不高也没关系，只要人际关系简单我吃土都愿意。"

细问之下，才知道这个还没出象牙塔的丫头受了多少"委屈"。

被邻桌的大姐嫌弃衣服款式老土，影射她是小城市走出来的小家碧玉。

被腹黑的同事抢走了辛苦好几天做出的设计效果，不仅换不来一句谢谢，报告会开完之后一改之前对她的嘘寒问暖百般殷勤，一副冷脸扬到了天上对她爱搭不理。

奇葩的老板因为她迟到了三分钟训斥了她两个小时，从个人生活习惯论证到当代大学生的思想觉悟。

她颓然地瘫在沙发里，带着微弱的哭腔，"你们总说让我趁年轻多开开眼界，可是为什么混社会这么难？"

前几天看到一则有关何炅的新闻，在话剧《水中之书》的演出中,他还没说完自我介绍,就有一个大妈冲上台去对他又捶又打,长达一分钟之久才被反应过来的工作人员拉走,而何炅回到后台做了十几分钟的调整后回到台上,只说了这样一句话:

人的这一生,会遇到形形色色的人,像我这样的人早就习惯了。

没有指责,没有惊恐,没有不满。何炅的高情商又一次征服了娱乐圈。

相比起其他明星的尖叫、摆脸、愤怒、装可怜。何炅能做到如此,正是因为他经历过太多,从1998年加入湖南卫视做《快乐大本营》,应付无数的嘉宾、观众,以及自己的同事,在复杂的人际中摸爬滚打,才修炼出了一身处变不惊的好素养。

他在曾经的一次访谈上说,是他遇到的人,成就了他,无论好坏。

遇到柔软,变得更加温和;遇到赞同,变得更加自信。

遇到反对,变得更加坚定;遇到奇葩,变得更加宽容。

我有一位赴德留学的好友,刚去的时候每一天都是满满的抱怨。

抱怨严苛的房东十点以后就不让她用厨房,抱怨刻板的教授因为一个错别字打回她整篇论文,抱怨每个人都像上了发条一样的精准和固执,抱怨因为语言能力受到德国学生的歧视没有人愿意跟她一组。

"我真是后悔出来这一趟，"她这么说，"宁愿待在小镇里等死，也不想每天都受这样的折磨。"

可逐渐的，她抱怨的越来越少，或许是已经习惯了，或许是太忙。

有次过年的时候我们聚餐，侍应生将桌上的果汁不小心碰翻洒了她一身，那天她正穿着件藕荷色的羽绒服，以她之前的暴脾气，不可避免地会爆发一场争吵，可就当我们做好了劝架的准备时，她却笑嘻嘻地对着满脸通红不停道歉的侍应生说："别紧张，我洗一下就好了，不需要你赔的。"

"怎么，出国一趟转性了？"大家纷纷打趣道。

"奇葩的人和事遇到多了，也就不再计较了，"她笑笑，"况且，我自己也在餐厅做过兼职，自己失误了，遇到刁难你的人你得忍着，但是遇到一个肯放过你的人，真的是一整天都会变得不一样。"

"就是那种……被世界伤害过又被温柔相待的感觉吧。"她说。

当年的敏感、执拗褪去不再，取而代之的是淡定和从容。

"自己"这个东西很奇怪。它是看不见的，你需要撞上一些别的什么，人也好，事也好，才能真正了解自己。你遇到的每一个人都会塑造或是折射你的一个方面，结合起来，那就是完整的你。

他们会让你痛苦,让你哭泣,让你恼恨。

他们会让你感动,让你开心,让你温暖。

而我们是在理解了他人的时候,才可以真正的理解自己。

每一个细微的感受,以及它由何而生,希望带给别人什么样的感受,又要如何去做。

这些东西是你看一千一万本教你如何说话、如何为人处事的书都达不到的。

从简单纯粹的象牙塔走出去,走进这个鱼龙混杂的社会,遇到一些不好不坏的人,经历一些喜怒参半的事。

即是历练,也是福祉。

你二十几岁的时候遇到什么人,真的会影响你的一生。

他们融入你的气质里,融入你的眼界里,让你不再草木皆兵,不再大惊小怪。

让你因为见多所以淡定,又因为识广得以从容。

他们让你看到这个世界,又从世界里看到自己,因为看到了更多的可能性,才明白自己想要成为什么样的人。

我们害怕跟人交往,是惧怕复杂,惧怕伤害,怕看到人与人之间的不同,让我们怀疑自己的完美。

可是比舒适更重要的,是一个人的成长。

所有杀不死你的,都会让你更强大。

要遇到很多人哦,要用心跟他们交往哦。

每一个人带给你一个未知,每一个人都是一颗星球。

我希望你挑选的朋友是因为彼此可以毫无障碍地沟通,并不仅仅是由于"反正也没有别人可以做伴"。

也希望你认准的对手,也有值得你学习超越的优势,而不仅仅是"看他不顺眼"而已。

我希望你选择的恋人,是所有人选中你最喜欢的那个,而不是还未见过巫山和沧海就匆匆将就自己的一生。

愿你遇到很多很多的人,并能从他们中,认清那个完整,真实,又自由的你自己。

优秀饥渴症：
越努力，越焦虑

亲戚家上大二的小朋友来找我聊天，把自己像破书包一样疲软地扔进沙发，声音闷闷："姐姐，我真是羡慕你，早生几年，早毕业几年，就不会有这么大的压力。"

"花式嫌我老？长本事了还……"我在一旁听的黑线满脸。

她脸上带着硕大而深重的黑眼圈，咬牙切齿，"要是我能每天活得不这么累，老十岁我也愿意。每天都好烦，好累，又好焦虑。"

她是年级学生会的主席，同时兼任着广播站的副站长，她每天三节课六个小时，还要挤出时间去图书馆学英语。她积极地参加着各种志愿活动和实习，天光还未亮她就已经在那儿等第一班公交车。为了不被嘲笑是书呆子，还要利用各种碎片化的时间去看娱乐新闻，追最新的剧，看流行的小说。

她的努力并不只是口头的几句话，那种疲累好像已经深深地镌刻进她的身体，仅仅十九岁的灵魂，灰白得像是老了一倍。

"你有没有想过，自己到底为什么在拼命？"我问。

她凑过来看到我书桌上朋友送的横渠四句，"为天地立心，为生民立命，为往圣继绝学，为万世开太平"，笑笑，"我倒没那么大志向，就想好好努力以后挣大钱。"

"那你以后想入哪一行，期望的月薪是多少？达到这个月薪之后的生活又是怎样？"我追问。

"我还真没想过这个。"她说，"反正我周围人都在努力，我也不能被落下就对了。看到别人都那么拼命，真的压力好大。"

我看到她眼神中漂浮起的不知所以，想起家里养过的那只小仓鼠，它在笼子里的滚轮上一刻不停地跑着，焦虑而又乐此不疲，它误以为自己只要跑得足够快，就可以摆脱前进的旋涡，可是它跑得越快，滚轮就转动得越快，没到一个月，就瘦成了皮包骨头。

多像是坐在我面前的，那个眼神茫然姿态却坚定的年轻人，带着浓重的疲倦咬着牙奔跑，又因为用力过猛而生出更多的焦虑。

美国作家威廉·德雷谢维奇在《优秀的绵羊》一书中，对这个茫然又努力的群体做了如下的描述：

他们非常擅长解决手头的问题，但却不知道为什么要解决这些问题。他们斗志昂扬，却没有目标，光鲜亮丽，却充满焦虑，他们付出超过常人的努力去追求优秀，却不清楚自己的目标，也体会不到努力带来的乐趣。

不知道自己为何奔跑，就难很让自己停下来。而奔跑的姿态一旦成为一种不带目标的惯性，反而会让你距离真正的优秀越来越远，充其量，只能成为一个"看起来很厉害"的人而已。

高考周还有小朋友在公众号后台留言问我，"上大学到底有什么用？是为了学知识还是交朋友？"

这同样是我当年无数次问过自己的问题，直到大三去一家NGO组织实习，我的面试官给出了答案。时隔多年，我依然记得他那口标准好听的伦敦腔，以及他的话带给我醍醐灌顶一般的震撼：

"College gives you a chance to make dreams, and to discover yourself while dreaming. （上大学就是一个造梦的机会，并在造梦的同时发现自己。）"

我们口口声声说要做自己，却总是迷失在别人的轨迹里。

要如何才能摆脱群体压力的旋涡，让接受过所谓高等教育的年轻人，不再对盲目的努力和不知形体的优秀感到饥渴？有哪些事情，是我们在大学的时候就可以去做，而不必等到走上社会之后才开始？

第一，自知：脱去标签之后，你还剩下什么？

"别介绍你的头衔，介绍你是谁。"

做人力资源的朋友在每年校园招聘面试应届生的时候，都会问这样一个问题，那些加持着各种学生会、志愿者队、创业社等等光环的孩子，十个里面至少有七个会无言以对。

他对这种现象头疼无比:"比起他们在学校都获得了什么,我更想了解他们的兴趣爱好,想知道他们对自己各方面能力的分析,可是这些小孩子只会拼命地将 title 一股脑地丢过来,试图让我从中去判断他们是什么样的人。"

他们拼了命努力为自己带上一个又一个帽子,可是我只关心帽子下面的这个人。

了解自己是一个漫长的过程,这个过程并不仅仅只能发生在大学时光,或是因为大学时光的结束就停止,但是20多岁的时间,也的确是一个人了解自己、发现自己的最佳时期。

年龄越大,越会有更多的不得已。有些事你现在不去做,可能就真的永远都不会再去做了,比如认识自己是个什么样的人,比如了解自己的长处和弱项,了解自己的爱好,以及基于自己的爱好,想要从事的职业,而不仅仅是匆匆投入一份工作。

《优秀的绵羊》中这样写道:

工作是维生,而职业是做自己所爱,并且获得经济报酬。

每年抽出一天的时间,给自己做一次详细的 SWOT 分析,比起蒙着眼睛的盲目努力更加有用。

你不仅要知道自己如何行走,更重要的是知道自己要去哪儿。

第二,自立:"我"想要的前提是:"我"是谁。

想要当选学生会主席……因为有很多人都在竞争。

想要参加模拟联合国……因为看上去很高大上。

想要拿奖学金……因为那能说明我是个好学生。

你想要的东西那么多,却不清楚是为谁而争取。

当一个人所有的理想都寄托于外部的期望和压力,优秀对于他就不再是一个清晰明确的目标,而不过是一剂"强心针"。我们从小耳濡目染着"别人家的孩子"长大,在父母、师长以及同伴的压力中逐渐放弃自己的想法,也放弃自己的坚持。

"我怎么想不重要,关键是老板怎么想,别人又怎么看我。"我家小妹妹实习第一周回来,脱口就是这样一句听起来就丧气无比的话。

每个人都生活在他人的期望里,但是不能只生活在他人的期望里。不让自己的身影依托于别人眼光而自立,在精神上成为独立的人,是每个孩子走向成年时都要上的必修课。

为自己的选择负责,是比追逐他人的脚步要更加艰难的事。培养洞察力,找到方向感,给自己设置定位并为之努力,其实要比"别人觉得你……"更有意义。

为自己的爱好、目标而努力可以打破我们对成功"被压迫式"的追求,让努力的意义清晰可见,而不是只停留在一个拼命的表象而已。

你或许会失败,或许会摔疼,或许无法看上去那么光鲜,也或许会被当作异类。

可是那有什么关系呢?

毕竟我们还年轻，毕竟我们还输得起。

第三，自控：意志力很宝贵，别浪费在无用功上

那些看起来挺诱人的东西，你真的需要吗？计算机证书，GRE 成绩单，会计证，人力资源证书……

每天一睁眼，这些选择就摆在你眼前，像是美味诱人的糖果一样，召唤着你看过来。

不考吧，好像挺可惜，考了吧，好像也并没有什么用。

日复一日的纠结犹豫，努力说服自己，或是强行为这些"不知道有什么用"的东西安上意义。我们不欠生活一个可能，相反，而是欠它一个断舍离。

拥抱生活的可能性，从来都不意味着你应该不加以选择地将所有的选项试过一遍。

这世界不缺优秀的人，也不缺万金油，能成就你的并不是你尝试过多少东西，而是你是否能将这些东西转化为自己的优势，将优势做到极致，成为自己的撒手锏和核心竞争力。

太多的时候，人并不是倒在绝境，而是倒在岔路口。

选择，以及选择之后带来的后悔才是最消耗意志力的事情。成就我们的，不仅仅是因为你做了什么，更重要的是，你没做的那些事。

一个人的精力和时间是极其有限的，唯有自控，限制自己的选择范围，才能"集中优势火力"，正如《优秀的绵羊》一书中

提到：

"人云亦云……什么都想要，什么都想做到最好。它只会培养你盲目的野心，让你陷入物质为上的野蛮性竞争。"

开放的态度应该是：知道生命的许多可能，尊重这些可能性的平等，然后为自己挑选其中的一个并坚持下去。

在成为一个优秀的人之前，你总得成为你自己。

你那么怕谈钱，
你一定很穷吧

U小姐在自己的公众号上发布了她最新收费微课的消息，没到三个小时就愤怒地将一张截图扔进了微信群，"我简直要被这些人气疯了……"

她截图的那些评论是清一色的质问和讽刺：

"哎哟，粉丝多了出息了是不，以前都是免费分享的，现在居然还要收钱……"

"真是利欲熏心啊，果断取关……"

"你怎么不钻到钱眼里去呢，我们每天看你的文章给你捧场，你居然还要收我们钱。"

小U气得咬牙切齿，"我为了这个微课，在图书馆看了等身高的书，一本一本看完，花钱花时间花心血，我收费怎么了？又没逼着他们听。"

而评论中真正戳到她痛点的，还是那句，"你这么爱钱，是有多穷啊……"

她的声音已经微微带了哽咽，"我就是穷，不比有些人生下来就含着金汤匙，也没有什么一掷千金的资本，可是就是因为我穷，才要更努力地挣钱，我没偷没抢没诈骗，靠自己清清白白的努力挣钱，有错吗？"

我忽然想起曾经有一位读者也给我留过这样的言："我希望你多谈梦想少谈钱，不要引导大家都向钱看，万恶的金钱有什么好鼓吹的？人一有钱就变坏，年轻人可不能这样。"

我中学的时候曾经有一位同学，姑且称之为A。

那是个安静得有些腼腆的少年，他成绩一般，性格普通，每天都蜷缩在靠墙一排的位置上，低着头不知在做些什么。课间偶尔被打闹着的同学碰撞一下，也从不出声指责，只是抬起头不满地看上一眼。

就是这样的一个少年，初二的时候，他家所在的村子开始拆迁，只一个暑假过后，他摇身一变成为了班里最有钱的人，整日纠集臭味相投的一些小混混围绕在自己的身边。上网，抽烟，在后操场堵截女生调戏。逐渐他不再来上课了，买了一辆特别拉风的山地车，每天放学的时候在学校门口炫技并调戏女同学，和那位白发苍苍的教导主任争吵：

"你别在学校门口骚扰其他同学，到其他地方玩去。"

"老子有钱，你管得着吗？"他恶狠狠地竖起中指，一只脚支住单车，骂出更多不堪入耳的脏话。

我们班的墙上，还贴着初一入学时候的合影。以至于我屡屡在打扫卫生的时候看到那个站在后排的，有些怯懦腼腆的少年时都会有些恍惚。这是同样的一个人吗？怎么会是同一个人呢？

直到毕业多年后的一次同学聚会，茶足饭饱之后有人谈起他，"听说这小子被弄牢里去了，故意伤人，这不，所有家底拿出来赔了个精光还把自己搭进去了。"

有人感慨，"他真是有钱之后完全变了个人啊，以前可不是这样的……"

"他没有变，他一直就是这样的，只是你们不知道罢了。"坐在我身边的女孩苦笑一声开口。

"我跟他同桌，每天谁碰了他、说了他、招惹了他，他都会把人家的名字刻在墙角，每天用脚踩来踩去，变着花样咒骂人家，还常常嘴里不干不净的。还威胁我不许给别人说……"

我们常常感慨金钱让一个人变得目光短浅，虚伪，自私，奸猾，嚣张，阴险。仿佛一进了金钱的染缸，就再无干净之日。可实际上，金钱从来不能让人变成某个模样，除非你本身就是那个模样。

钱与权是一面自带放大效果的镜子，能够将一个人的优点和缺点都暴露无疑。

我很喜欢吴晓波写过的一段话：

"金钱真正让人丧失的，无非是他原本就没有真正拥有的。

而金钱让人拥有的,却是人并非与生俱来的从容和沉重。金钱可以让浅薄的人更浅薄,也会让深刻的人更深刻。金钱可以改变人的一生,同样,人也可以改变金钱的颜色。"

这个社会永远不乏对金钱的狂热追求,也不乏钱权到手之后的失态与失控。

可是我们总是要成长的。

从对金钱报酬讳莫如深,觉得侮辱了自己的人格,到盲目的金钱崇拜物质为上。这样小心翼翼的平衡与试探,不是一朝一夕便能完成。

金钱诚然会让人失控,它也会让人得救。问题的源本并不在于财富的多少,而在于拥有财富的那个人,是否能学会驾驭这辆马车。

只有驾驭不了金钱的人,才会恐惧财富,因为他并不清楚财富会对自己的生活产生怎样的冲击,也不够自信自己能否抵御得了这样的冲击。

只有用拒绝掩盖不安,用冷漠遮挡渴望。

英国人用三代培养一个贵族,我们一拆就整出一村的百万富翁。财富来得太突然又太容易,以至于它很容易就能够煽动一个人穷久了的心,让他穷奢极欲,极尽一切奢侈才能体验金钱带来的快感。

这些人有钱吗?并不,他们的骨子里仍然是穷人。他们对金钱的态度仍然是既热爱又恐惧，因为他没办法驾驭这个他不懂得的东西。

一个没有拥有过财富的人会惧怕财富，厌恶财富。那是太正常不过的事情，毕竟从远古以来，我们的祖先就在基因里留下这样的信息——

小心那些未知的东西，它可能会很危险。

我曾经亲眼看到过一个被父母勒令"不准买零食"的小孩子，从同学那里借来了五毛钱，买了一包看上去像是三无产品的小零食，津津有味地狼吞虎咽的样子。

那些孩子从那么小的时候，就已经失去了锻炼自控的机会，他们的自制只能依靠外界的约束和管教，一旦有机会冲破，反而会去尝试并且享受失控的乐趣。

他们长大会怎么样？他们对待金钱的态度又会是什么样？

我不知道，也不敢想。

曾经在一本书上看过一句话，是有关人对财富最好状态的描述：

"对金钱和物质抱有温热的热爱，不拒绝，不贪图，懂分配，会珍惜。"

而要达到这个状态，并不能只靠"书上说说"而已，你需要先有钱啊。

哪怕不多，只要是属于自己的，不影响维生的前提下可支配的数额便好。这也是近年来越来越多的人开始重视"财务自由"的原因——

你只有拥有过,才有机会学会使用和驾驭。

你只有给他翅膀,他才能学会飞翔。

别瞎忙了，
你有必杀技吗？

亲戚家的小朋友今年大学毕业，找了好几个月还没找到合适的工作，急的嘴角燎出了一串水泡，愁眉苦脸地跟我吐槽：

"明明什么都不差，偏偏就是没人要。每次面试回来，都感觉自己这么些年是在白忙。"

他叹一口气，神情颓然又有些不服，将自己的简历递给我看，一边解释给我听：

"我是学生会的宣传部部长，英语四级高分通过，我还有计算机C语言证书、普通话资格证、教师资格证、会计证，我还自学人力资源，准备年末就去考试，我还……"

我问，"那你现在想做的工作，是教师？HR？还是会计或是程序开发相关的岗位？"

他挠挠头，"不知道啊……反正我什么都可以做。"

"那你是为什么要花那么多时间和精力考证？就没个爱好偏重什么的？"

"看着身边人都在考就去考喽，反正有了总比没有强嘛。我往全面发展的方向先努力着，总会有合适的机会吧。"他带着那种自信和犹豫参半的眼神，看着我笑。

我见过许多像他一样的小朋友，拼了命的让自己忙碌，他们报名参加各种竞赛，他们做义工，考各种各样的资格证书，他们想要拿着奖学金做人际关系如鱼得水的学霸，对各种创业相关的培训班极感兴趣。

可是分秒必争，真的就是在努力吗？一定要将所有的选项都穷尽一遍，才能找到自己的方向吗？

永远在寻寻觅觅，永远在浅尝辄止，生活的选择那么多，你要何时才能尝试得完？

做人力资源的朋友跟我聊天的时候抱怨，"现在的小朋友，心都太浮躁了，一味图着多学多做，实际上什么都做不了。学经济学的跟我扯心理，学法律的跟我扯历史，自己专业的东西不学精，没有拿得出手的核心技能，学再多皮毛都没有用。"

他讲起自己招进来的实习生苦恼不已，"做数据分析永远都是照着模板套，一点自己的 input 都没有，说了他几次也没见提高。反倒是全办公室的活他都愿意干愿意学，今天跟着销售部跑，明天跟着技术部学，我要招的是具有专业分析能力的员工，又不是办公室打杂的。"

一个什么都能做的人，换言之，他什么都做不了。

看似一生匆匆忙忙热热闹闹，其实不过庸庸碌碌身无所长。

德智体美劳全面发展，终归不过教科书上的美好展望。

有时候我们并不是因为得到了什么而成为谁，而是因为失去和放弃了什么东西。

可是人天生是讨厌选择的，选择意味着未知，意味着你需要对自己认同的东西付出十倍、百倍的代价去换取，也意味着你需要去承担你放弃的那些东西所产生的后果。

道理好像都知道，可是到底要放弃哪些，又要坚持哪些？在林林总总的选择中，不是拖着下不了决心就是总在反复出错。

决定放弃，总是比决定争取更难。

美国作家斯蒂芬·P·罗宾斯在《做出好决定》一书中，列出了多达16种会导致我们决策出错的原因，最常见的可以总结为以下五种：

你是不是觉得自己精力无限可以做好每一件事，可是每一件最终都以平庸告终？——过度自信。

你是否在无数的选项中纠结反复，却最终选择了什么都不做？——矛盾心理。

看到某个成功的个例，或者是成功学励志书上的榜样，你是不是也觉得，只要照做就能成功？——选择性认知偏差。

你是否认为，一个人的成功是靠他的努力而与天赋无关？——框定偏差。

你是否觉得，得到了学生会会长的表扬，就意味着自己很适合在这条路上发展下去？——代表性偏差。

如何下定决心，如何做出决定，并没有一个统一而固定的答案。每个人的性格不同，喜好不同，特长不同，目的不同，价值观也不相同，这才是选择千差万别的原因。

甚至于无论你怎么努力，都不可能保证选择之后的结果，在无常面前，我们唯一可以做的只是保证自己在做出决定的时候，是理智而且清楚的。

关于理性决策，斯蒂芬提供的五大步骤如下：

第一，确定唯一的明确目标：拿到模拟联合国最佳提案奖，或是，毕业之后进国企工作。

第二，限制选择数量：做义工，参与杂志社，加入学生会，听创业课，学轮滑，做学霸，兼职，实习，看书……过多的选项会极大地消耗我们的自制力，并且会让人在一次次的犹豫中错失行动的良机。将选择的数量和明确的目标紧紧结合在一起，将选项控制在3-6个，别让自己迷失在选择的丛林中。

第三，理解沉没成本："可是我都已经做了一学期了……""可是我都交了报名费了……"类似于这样的心理会让我们在错误的道路上越走越远，将自己既不喜欢又不擅长的东西盲目地坚持下去。为自己挽救回最多的时间和精力，我们需要学会及时止损这一重要技能。

第四，控制情绪的影响：焦虑，烦躁，恐惧，来自同伴的压力，来自家人师长的催促，对某一成功人士的崇拜和仰慕。不管是来自正面还是负面的情绪，都会对我们的决策质量产生极大的影响。不要因为一时的心烦意乱而做出愚蠢的决定，也不要因为崇拜偶像就去盲目地追随。让自己冷静下来，将情感和事实分离开来再做一遍分析，回想一下自己那个唯一的、长期的目标，或许你会少让自己做出几个后悔的决定。

第五，不要太着急确定：有时候，停下来也要比盲目的努力好得多，匆忙中做出的决定往往会产生相当多的遗憾。在自己心潮澎湃时，在某些危机时刻，在缺乏信息的时候，在你感受到重压的时候，请多思考一会，不要那么着急着做出决定。

学会这五步之后，我们得以踏上理性选择的门厅，再往里面走去，则需要更加详细的分析和更加缜密的思考。

《做出好决定》一书中提供了如下的思路。

大多数人面对选择的问题，都会卡在"明确决策标准"和"评估所有选择方案"这两步。

想要培养必杀技，就必须明确自己的天赋和兴趣，然后在爱好与特长的交叉点投入大量的时间。

并不是所有人都靠同一个方法成功的，并不是做所有的事情都需要极高的天分，但不可否认的一点却是，天赋和兴趣的结合会让我们的坚持更容易一些，也更容易得到结果。

评估所有方案则要求我们对所有的选项有唯一且清晰的评估标准。举找工作为例,当你手中拿着很多份 offer 的时候,试着做这样的一个打分——

薪资水平3分,发展空间5分,福利分红2分,企业文化1分,平台实力1分,工作环境1分。

人都是极善于安慰自己的情感动物,试着问问自己,你有没有过这样的念头:"虽然没什么发展前途,可是起薪还不错,要不就这样了吧……"或者"虽然工资低,也是也轻闲,不那么挑剔的话,还是可以的。"

而明确的评估标准,可以帮助我们做出更理智和贴近实际的判断。

选择得分最高的那一项,就意味着你要为此投入大量的时间,长期并且有效地坚持下去。

我们并不是因为努力才有价值的,能够将你区别于其他人的,是你远远超过他人的地方。

你的决定,会定义你是谁,会让你成为谁。做好生活中的每一个决定,有取舍,有偏重,做一个有核心技能而不是泯然众人的人。

那倾注了你最多心血的东西,会成为你行走江湖的利剑,成为你独一无二的必杀技。

请别让自己的决心,只停留在纠结而已。

在你的爱中，
我终于成为了自己

1

做心理咨询师的朋友聊起最近经手一个姑娘的案例。那个在争吵中将自己的母亲重重推倒在地然后愤然而去的26岁姑娘，自己也是一个两岁孩子的母亲。

"我的人生像是我妈的影子一般，她一路替我选择小学、中学、大学，替我选择朋友，替我选择爱人。"她说，"我一点自由也没有，稍微不如她的意，她就一哭二闹寻死觅活地说我不听话。说我翅膀长硬了不认娘。"

她亮出自己胳膊上的青痕斑斑，"老公出轨了，对我越来越不好，甚至于有时会动手打我，我想要跟他离婚，可是我妈居然以死相逼要求我继续这段婚姻……我真是想不通，她是我妈啊，口口声声都是为了我好，为什么就能这样眼睁睁地看着我不幸福呢？"

排给她的心理辅导，是两周一次的固定课程。

第六周的时候她没来，朋友打过电话去问，只听在那头她声音低低，"我妈说……心理咨询都是骗人的，这周开始我就不去了，剩下没上完的课可以退钱吗？"

他帮她办理了退款手续，长叹一声说，"这种人，被我们戏称作'被母亲吃掉的人'，不管年龄多大，心智能力和判断能力都还是个小孩的水平，抱怨东抱怨西，抱怨完了一切听妈妈安排还是他们唯一的方法论。"

就像被一点一点的溺爱控制和掠夺吃空了灵魂，只留下一具还在生长的皮囊的感觉，活得像个傀儡，又像个影子。

他这么形容道。

亲子关系，尤其是母女之间的关系，或许是绝大多数人都需要直面的问题。

做母亲的想要表达关怀，却总是难以把握尊重的分寸，一不留神，关心演化成掌控，深爱便成了让人厌烦的唠叨，而爱意的叮咛成了诅咒。

做孩子的想要拥有属于自己的空间和时间，拒绝的话却总是难以说出口。"谢谢你的爱和关心，但是我也需要一点自由。"这句简单的话，出口却总成了"行了行了，你能不能不要烦我"的不领情和不耐烦。

有多少父母在感慨自己为孩子做牛做马操碎了心，就有多少孩子在抱怨自己的生活被父母掌控。

我们明明都是从爱的起点出发，为什么最后总是沦落到恨的荒野？

关怀与尊重的比率如何把握？爱和自由又该怎样平衡？

想要做一个"不被吃掉"的女儿，维持健康良好的母女关系，可以从以下几步开始。

不管母亲能不能理解，都要培养自己的价值观。

"我妈说，女孩子应该考公务员，图个稳定，也好找对象……"

"我妈说，你要嫁一个有钱人，这样今后能少吃好多苦……"

"我妈说，忍一时风平浪静，家丑不可外扬……"

生活中有这样的一些人，她们从小就被原封不动地灌输了母亲的价值观，在日复一日的重复中，逐渐将母亲的观点、意见奉若真理。

她们将自己的生活缩小到无限小，小到用母亲的影子可以覆盖，并渴望在这样的阴影中过上一帆风顺的生活。她们以为母亲的智慧和经验就是万能，却往往忘记了，母亲也不过只是一个普通人。

在时代剧烈的变化中，她也会落伍，对于无穷无尽的新鲜知识，她也会不懂。

对于母亲的建议和意见，我们可以参考，但是并不能照本全搬。通过阅读、跟人交往、不断地反思和思考之后的判断建立自己的价值观,才是摆脱"母爱魔咒"的不二途径。

"可是妈妈并不能理解我的想法,一定是我错了吧……"我曾经听过这样的顾虑。

摒弃"无论如何母亲都应该可以理解我的想法",则是打破自我怀疑的第一步。

日本女作家在樱场江利子在《完美母女关系的秘密》中写道:

"不想要复制母亲的道路,就不要对母亲抱有太高的期望,希望她成为你的避风港,包容理解你的一切……冲突是不可能完全避免的,母女彼此也一定会有无法理解的部分,但是这并没有关系。不要对母亲抱有太高的期待。你才有可能过的轻松一点。"

在保持尊重的同时坚定地贯彻自己的主张,像应对上司一样应对母亲。相信自己,冷静地思考和判断母亲的劝告。坚持走自己的路,做一个离开母亲也可以过得很好的人,才是对养育我们长大的母亲最好的报答。

2

楼下上高中的小妹妹,每一天早上出门都像是打仗。

"我都说了不吃不吃不吃,你不要管我行不行啊,烦不烦。"她一边说,一边重重地摔上门。

一路气鼓鼓地跟我抱怨,"我都上高中了,还需要我妈提醒我每天要写作业这种事吗?还有,我做卷子正全神贯注的时候她老是过来给我送牛奶水果,打断我的思路不说,我自己要吃自己不会去拿吗?进我房间从来都不敲门,一点也不尊重我的个人隐私。"

"那你跟她好好说过这个问题吗?"我问,"不吵不闹心平气和的沟通?"

她愣了几秒,反倒自嘲地一笑,"姐姐,你看看我都这么闹腾了,她还是该怎么怎么,我好好说就更没有用了。"

这个听上去有点道理的逻辑,很多时候只能将结果导向的与目的越来越远。

矛盾越发尖锐,争吵愈演愈烈,做母亲的只知道自己的女儿进入了反叛期,却不知道她的反叛源头是自己无限制的溺爱,和出于看似"为她好"而对她生活的掌控。做女儿的对母亲的不解更加生气,而这生气又会逐渐带上一些赌气的成分,你为我好是吧,那我就偏偏要让自己不好给你看,看你还控不控制我。

逃学,旷课,落榜,喝酒,夜不归宿,交一个糟糕的男朋友。

这些都是女儿以自我放逐形式的报复,可母亲依然不懂,她只会垂泪叹气,"可是我对她那么好啊……"

心理学家科胡特创造了两个充满诗意的语句,来描述最和谐的亲密关系:

不带诱惑的深情,不带敌意的坚决。

在母女关系中,第一句可以适用于母亲,我无条件关心你,但是我不会营造出一个让你需要我,离开我就什么也不行的假象,我爱你,也尊重你的选择。

而第二句更适用于女儿,我知道你很爱我,但是我需要自己的空间。虽然我拒绝你,但是依然感激你的付出。

3

办公室里曾经有一位实习生小姑娘。

她常常在我们面前抱怨父母管得太多,擅自翻看她的日记本,不尊重她的想法,把她当作小孩子一样对待。

有人给她出主意:"你既然这么觉得,为什么不搬出去住呢?"

"搬出去?我也想啊,我现在的工资还不够每个月自己买东西呢,在家里住着吃爸妈的喝爸妈的,搬出去肯定十几天就没钱花了。"她这么回答。

另外一个小姑娘立刻附和,"对啊,不仅是这样,我去年搬出去住的时候节衣缩食就不说了吧,有天晚上停电了,外面又刮着大风,不知谁家的窗户被风吹得哐当作响,特别像恐怖片里的场景。我当时就吓得给我妈打电话接我回家了,从此断了自己住的念头……"

两个小姑娘互相露出心有戚戚焉的表情,剩下我们在一旁面面相觑。

每个人都渴望自由,但并不是每个人都愿意承担自由的代价。

刘墉老师曾经写过这样一段话：

"今天有多少孩子跟父母讨价还价，既要美式的自由，又要中式的宠爱，却没有美国孩子的主动，又失去了中国传统的孝道？"

太多人心目中定义的自由，并不是真正的独立，而是既可以得到宠爱，得到享受，又要求保持独立自主的奢望。

追求自由，需要从经济独立和精神独立开始。

经济不独立，你永远逃不出寄生的命运，永远只能寄居在家里，听着父母一遍又一遍的唠叨、抱怨、试探，"你看人家×××的男朋友多体贴"，"人家小×今年又升职了"，或者"你为什么还不结婚？"这样的话。

精神不独立，不管你走到多远的地方，都还是个依赖母亲的孩子。刮风下雨，打雷闪电，停电停水，工作上不顺利，感情中受了委屈，从不考虑解决方法，只知道拿起手机拨通妈妈的电话求助或者哭诉。

不独立的人，注定是无法自由的，像是开头朋友讲述的那个例子一样，她那么恨，那么渴望自主，潜意识里却依旧会将母亲的意见奉为圣旨，从而放任自己在"被吃掉"的旋涡中，陷得越来越深。

从努力工作存下第一笔钱开始，从第一次打落牙齿和血吞开始。成长会痛，但是不经过这样的痛楚，你永远无法成长。

只有成长，才能迈出自由的第一步。

《布鲁克林有棵树》中，弗兰西的母亲在弗兰西失恋回家痛哭之后，有过这样一段心理独白：

"终于来了。"她想，"这个时刻终于来了，无法再呵护孩子，不叫他们遇见不幸了。过去家里吃的东西少，你可以假装自己不饿让他们多吃点。夜里寒冷，你起床把自己的被子盖在他们身上，好让他们不受冻，谁想要伤害他们，你会跟他们拼命。

可是终归有一天，或许阳光灿烂，他们走出去，或许会遭遇一些不幸，而你却无法知道，你拼了一生要阻止他们去遭遇的痛苦，总会找上他们的门。

这或许是每一个母亲都必须经历的心路历程。

你疼爱的那个孩子，终究要长大了。你无法永远将她捧在你的掌心，她有自己的人生要过，也有自己的痛苦需要面对。

你能做的，并不是一直拉着她的手，而是放开她，让她成为一个离开你，也有勇气和能力能够很好的面对生活的人。

而一个女儿对母亲最高的致礼，并不是成为你。而是在你的爱中，我终于成为了自己。

你的人生还那么长，
别总是充满猜忌

妹妹的朋友来家里做客，在我敲着键盘的时候一直欲言又止，终于在我起身接水的当口冷不丁地开口，"姐姐，那个……你知道简书首页审稿有黑幕的事儿吗？"

我吃了一惊，以为自己错过了什么不为人知的潜规则，"没听过，黑幕长什么样你来讲讲？"

小姑娘满脸不忿地撇撇嘴：

"我们有好几个用简书的同学都说，简书首页审稿是看关系的，你不认识首席拒稿官，想上首页没门儿。只有跟拒稿官搞好关系她才会推你的文章，还要给她发红包什么的。我们每次都被拒稿，可是首页上那些文章明明也没比我们好多少，不是靠关系是靠什么？"

"可是编辑也不是只有一个好吧？"我一脸黑线看向她，"首页每天那么多人，难道都是靠关系的吗？你要相信，做编辑的一定有基本的职业操守，更何况你们几毛几块的红包也还不够收买一个人。"

"姐姐，你怎么比我还单纯，"她露出那种年轻人对老年人特有的，带点不屑又带点悲悯的眼神看着我，将自己的手机往我面前一递，"你看，我们群里好几个人都是这么说的，不是我一个人这么觉得。"

我飞快地浏览完几百条吐槽，问，"你们这种猜测有证据吗？还是有人贿赂成功过现身说法？"

她又用那种眼光看我一眼，叹口气，"还需要证据？看看那些还不如我们的文章都上了首页，可是我们却被拒了。这还不算是明显的事实吗？"

"别把自己的文章看得那么高，也别把别人的作品看得那么差，"我劝她，"有这么多时间和精力去无中生有，还不如多看看书，问一问拒稿编辑的意见，想想自己的文章怎么提高吧。"

她听出我的语气严肃，没有什么可以八卦的槽点，于是讪讪地笑笑，岔开话题又寒暄了几句起身告辞。

我家小妹妹送客回来，立刻就往我沙发上一倒，"这就是我现在越来越不喜欢跟她玩了的原因……抱怨老师打分不公平，抱怨学生会选举不公平，抱怨奖学金评选有问题。也不知道真的假的，听得我也好压抑。"

"以前她是我们宿舍最认真的，又上进又聪明，学习好写作也不错还是副班长。现在简直跟变了个人似的，成天一见人就各种打探黑幕，然后就没完没了地抱怨。"

我想起多年前第一次去近郊的牧场旅游的时候，从起点到目的地要经过很陡很长的一道山坡。

当时还是初春，山坡上秃秃的几缕嫩草根本盖不住满坡坑坑洼洼的田鼠洞，我们一行三个人一边走一边吐槽，新鞋里灌进了沙子，刚洗过的牛仔裤沾染了泥土，一不小心就会踏到石头或是踩进田鼠洞崴了脚等等等等。

领路的大爷沉默了一路听着我们抱怨，等到又有人踩进洞里一声尖叫之后，他说：

"孩子，你们别看不平，要看路啊。越盯着脚底下的不平，就越走不好。"

我们将信将疑，战战兢兢抬起头看着坡下，当注意力离开了脚下的泥巴和田鼠洞之后，剩下那三分之二的路，居然真的奇迹般的好走了很多。

生活又未尝不是如此。

抱怨和猜忌，真的是种一旦开始就很难停下来的事。

当你每一次无力或者无意去抵抗现实的重压时，抱怨这一行为可以让你轻松把压力从自己转移到他人。

是别人不好，是爸妈不好，是社会不好，是大环境不好。而你并没有什么错，只不过是无力回天罢了。它让你可以把自己的疲惫、失落、无奈，一股脑地归咎于它。并生出一股奇妙的，虚假的优越感。

抱怨之所以可怕,并不仅仅是因为它是一种发泄型的负能量,更重要的是,它会分散你的焦点,浪费你的精力,让你不再相信原本属于自己的能力,让你停止成长,失去对大部分事物的兴趣和好奇心,只专注于挑别人的问题和无中生有的找茬。

它让你深深感到自己的无力,却抹杀你想要改变的一切努力。

时日一长,它就会将你变成一个既倦怠又愤世嫉俗的怪物。一边蜷缩在自己的壳里寸步不移,一边指手画脚地指责整个世界。

请别告诉自己"吐槽完会开心一点",因为你不知道自己打开心笼放出来的,会是怎样一只吞噬力强大的野兽。

你的每一次猜忌,每一次怀疑,每一次八卦,每一次抱怨,都会让它更强大,而你控制它的能力却越来越弱。

陷入偏颇的人看不到别人的优点,便也失去了取长补短的机会。

他们用埋怨和猜忌在自己的人生挖下一个大坑,蹲在舒适的坑底不肯前行。只靠捕捉过路人的影子撕咬拉扯为生,让自己面黄肌瘦,让自己满腹怨气。

你的人生还那么长,别看不平,要看路。

你的问题，
就是问得太多又想得太少

公司新来了几个实习生，分给我们项目组的，是个还没毕业的小姑娘。

前两个月入职培训的时候，我对她印象很好，比起同龄的几个人还睁着迷茫的双眼等着我们划重点，她则认认真真地记了详细的笔记，每一天的培训结束后，还追着我们提问，态度诚恳又认真，像是个从高中课堂上走出来的学生。

我给她取了个外号叫作"十万个为什么"，跟组里的一位老前辈夸起她，老前辈笑笑，"你别高兴得太早，公司需要的是员工，可不是学生，再过段时间你就知道了。"

可我怎么能不高兴呢？

看着其他部门的那些带着实习生的同事们每天焦头烂额，追着那些孩子们问，"你不知道怎么也不吭声呢"，"有什么不懂的地方吗？没有？你确定？"

我觉得自己真是很幸运。

培训期结束之后,小姑娘依旧每天准备了满满一张纸的问题,在茶水间,在午饭时,在我等待电脑开机的几分钟,甚至在我下班回家之后都会收到她的提问短信。其中至少有一半,都是培训期间已经讲过的内容。

我将她写在笔记上的内容指给她看,她点点头,"找起来好麻烦呢,还是问你们好,又快又方便。"

她用那双水汪汪的大眼睛看着我,我于是硬生生地将那句"可我们不方便"咽了下去,换成稍微委婉的一句,"以后还是自己先看看笔记吧,已经讲过的内容就不要问了,问过一遍的问题,也不要再问第二遍了。"

到了正式开始参与项目的时候,我一进办公室,就看到她愁眉苦脸地坐在电脑面前,看见我来像是看到了救星,一把挽住我的手。

"姐姐,你帮我看一下,这些邮件我要怎么办?"

"先把信都看一遍,然后看你能处理哪些就处理呗。"

她"哦"一声走开,不到一个小时又跑过来问我,"那我要先处理哪一些呀?"

我恨不得将她脑袋上的问号光环拔下来踩的稀烂,"培训了两个月,别告诉我你连怎么回信都不知道。"

"可是我怕我做错了,"她说,"这么多信,我真的不知道,要从哪一封开始回呀。"

那一瞬间我忽然明白了前辈那句"别高兴得太早"的劝告。

一个人勤学好问固然是好，可如果她问题太多，那这个人本身就是问题。

怕自己做错，就要先去思考不同的解决措施，然后将自己的想法说出来去验证，而不是坐在原地等着天生掉下一个正确的答案。

没有人在一开始的时候就什么都懂，但所谓成长，绝对不是像只嗷嗷待哺的小鸟只张着嘴寻找答案，而是在不断的试错过程中，自己摸索解决问题的方法。

我刚刚入职的时候，带我的前辈教我 Excel 函数，在纸上写了三个公式之后，就将一个做好的数据表抛给我，"这是成品，这是原始数据，你今天的任务就是自己把这个原始数据加工完毕做的跟我的一样，前面右拐就是书架，不懂的地方自己去查。"

我花了一整个下午的时间学会了数据透视表，学会了求和公式中嵌套的 IF 函数。看上去很浪费时间，但我获得的，却远远不仅仅是几个 Excel 的技能。

到了开始做项目的时候，每当我开口提问的时候，前辈总会反问我，"先说说你对这个问题的想法是什么？"

于是我不得不将自己不成熟的想法磕磕巴巴地说出来，他总是会等着我说完，才会提出自己的想法去反驳或是补充。

我当时并没有觉得有什么，看着同期进来的同事都能很快得到答案,而我却不得不走上好长一段"弯路"才能到终点,反而有点怨恨他不近人情。

直到后来自己独立做了项目才发现,其实获取答案的途径,很少在于问,而在于思考。

而你的上司希望看到的是你提出 plan A、B、C,各自的利弊以供他们参考,而不是大咧咧地开口就问,"那这个项目您觉得从哪里入手比较好?"

先思考,再提问,是一件跟本能对抗的事,但如果你能战胜自己的本能,你就可以解决至少 80% 的问题。

一个好的问题,本身就需要自带答案,即便这个初始的答案是错误的,"正确"本来就是错误被纠正的结果,而不是一蹴而就,被对方硬塞在你脑中的真理。

你获取信息的过程有多简单,你遗忘信息的速度就有多快,一个不经过思考就能轻易得到的答案,也无法在你的脑海中停留太久。

尼布拉斯·卡尔在《浅薄》一书中描述过这样一类人:你时常觉得耳鸣、目涩,注意力无法集中;你懒于记忆,习惯于张口就问;你不喜欢冗长的陈述和表达,喜欢直奔主题和搜寻答案。在能够轻易获得信息的情况下,我们通常喜欢简短、支离破碎而令人愉快的内容。

我不怕你错,我只怕你根本就不想。

怕你习惯于开口就问,却不知道自己的习惯本身就是问题。

我们常常以为回答比提问困难,但实际上,提问的那一方才应该完成最困难的那部分。

知道该问什么问题,远远比只知道"答案"重要得多。当你知道自己该问什么问题的时候,找答案往往就不再是一件难事。

你需要在自己与问题之间建立起内部对话,为什么要问,困难是什么,该去问谁,想要得到什么样的信息,除过提问外,这些信息是否还可以从其他的渠道获取。

当你不再依赖于别人,而是能提出自己的问题并自己解答的时候,你就成了自己的老师。当它成为一种习惯,你就能教会自己任何事情。

开始的时候很困难,你需要花比起提问更多倍的时间来解决问题,可一旦这种方式成为习惯,你就会获得更加强大的思考能力和解决问题的能力。

你的旅途是星辰大海。

不要选看起来很好走的那条路。

辑三
你从来不是
一个人在战斗

你是什么人，
看你朋友就知道了

有个刚上大三的小朋友在微信上问我，"我很想上进，但又没有动力，明明下定决心早起去图书馆复习功课，但是宿舍里的人不是在睡觉就是在淘宝和看剧，我就也跟着颓废下去了，有时候觉得自己这样不对，有时候又觉得吧，她们这也算是一种岁月静好，未尝不可。"

我在这头敲着回复，险些失笑，这叫岁月静好？等你焦头烂额地找工作和没日没夜地复习考研抱佛脚的时候，那可一点儿也不美好。

她又说，"我每次好不容易下定决心去图书馆学习，她们就笑话我，用各种理由诱惑我不要去，我自己意志力也不强，经常就这么放弃了，跟她们一起每天睡到中午才起，然后整天追剧，觉得自己没救了。"

就像是个陷入泥沼想要脱身的人，不但没有人在岸边给她扔绳子，反倒是有一群人在下面拖后腿。

我劝她，"自己的交际圈子要稍微扩大一点，不要仅仅局限在宿舍，多去认识一些人，总会有几个努力上进爱学习的吧。"

她诺诺答应了。

可是，几个月之后她又来找我，"太难了，我觉得班里的同学也差不多都是跟我一样混……我周围宿舍的那些姑娘，比我们宿舍还颓废呢……"

"别总看着身边啊，班级里，学校里，乃至微信学习群里认识的朋友，都可以是很好的榜样啊。"

她又问我，"可是我怎么能找到这些人呢？"

我忽然想起一个叫作"视觉盲点"的词，若一个人处在深井里太久，她是无法想象到外面的世界是什么形状的。

每一天看着那些很努力的人向上爬，看着那些更优秀的人从头顶飞过，但终究是因为太过遥远，而生出许多的不真实，于是索性无视他们的存在，一边在身边"跟自己差不多"的人中挑挑拣拣，一边抱怨自己周围的环境太不给力。

常常听到有人抱怨说，年龄越大越难交到朋友，但其实，交友与年龄无关。

那些无法扩大自己交际圈的人，从来都没有为自己选择朋友的能力，他们的朋友来源仅限于教室、宿舍、办公室，交友的理由从来与志同道合无关，而是由于地缘和距离的接近而能天天见面。

我有一位做人力资源的朋友曾经告诉我，他们招聘实习生的时候，往往都是先选中一个各方面都比较合适的人，然后让那个实习生推荐自己的朋友来面试，在大多数情况下，被推荐的人都不会差。

他告诉我："物以类聚，人以群分，一个优秀的人一定不会是单凭自己长成现在的样子的，他一定有自己的交际圈，而圈子里的人，也大多跟他不相上下。"

优秀的人越优秀，颓废的人越颓废。两个圈子在时间的推移中不断加剧分化，像《北京折叠》里的第一世界和第三世界，逐渐失去交集。

想了解一个人，就去看看他的朋友圈。

如果他的朋友圈里都在转发"不转不是中国人"，那十有八九，他本人也是个无脑而又冲动的愤青。

如果她的朋友圈里所有的朋友都在晒着嘟嘴卖萌的大头贴，除过各种姿态方位的自拍别无一物，那她或许也就是个只有美貌而内心空空如也的洋娃娃。

如果他的朋友圈里全都是"今天马化腾生日，转发送×××"，那要当心，他或许本身也就是个没什么判断力又爱贪小便宜的人。

你的朋友圈，就是你朋友们的模样，而他们，便是你的模样。

你是什么人，便吸引什么人，你所选择的，同时也在选择着你,彼此塑造,互相成全。

你可以费尽心思地修饰自己的相册,但你无法掩盖自己真正的生活,你周围的每一个人,都是你的一面镜子。

想要走出自己的小世界,不能仅仅只靠想,每天沐浴焚香对天祈祷半小时,希望上天能掉一个神队友给你。

再想一想,就算是真的给了你,你接得住吗?

还不是让他摔在地上,然后对他不理不睬,直到他也心灰意冷,从你身边走开去组建自己的世界。

每个人的身边都有许多优秀的人,但大多数人也只是感慨一声,然后任由对方擦肩而过。

我曾经在知乎上看到过一个很好玩的提问,题主是个中产阶级的姑娘,她提出的问题是:"我该如何才能跳出原生家庭的板块,步入到更高的社会阶层呢?"

而下面有一个回答尤为精彩:

"进入一个阶层的敲门砖,并不是你拥有什么,而是你能够创造什么。"

你创造,你证明自己,有机会得到他人的青睐和许可,在与更好的人的互动中,不知不觉进入到另一个阶层和另一个世界。

你若整天只是坐在那里感叹,感慨自己身边的人是多么颓废——当然,颓废的还包括你自己。若你在抱怨的同时,却不愿意采取任何行动,那你便也只能留在那个泥潭,任由自己被能力、个性不相上下的青蛙所包围。

你去选择他人,也被他人选择。

但愿你还有选择朋友的资本,而不是只剩任人挑拣的无奈。

你从来不是
一个人在战斗

开了公众号以来，后台常常会收到上百条留言，内容涉及情感上的纠结、成长中的困惑，还有生活中种种的不如意。起初我有些想不明白，难道寻求一个陌生人的指引和建议真的会比身边那些知根知底的朋友给出的答案更加贴切、实用吗？

开始动摇我这种想法的是一个小姑娘的问题，她这么说，"我今年19岁，觉得自己长得好丑，想去整容，偷偷存了好几年的钱，可是被爸妈发现了，他们骂我脑子有病，说我不懂得爱惜自己。可是姐姐，想要变得好看真的有错吗？"

我只是回复了短短的两句："爱美之心没错，明明有让自己自信起来的机会，为什么不去尝试呢？但无论如何，都要找一些正规有资质的机构，也要把握整容的度。你已经是成人了，考虑清楚之后，可以为自己做主。"

她一连敲了好几个流泪的表情，"谢谢你，你真的是第一个支持我的人。"

我顺手回答,"因为你这个念头,我小的时候也想过。"

"真的吗?"她在那头将信将疑地问,"你也觉得自己不好看过吗?"

"每个女孩都觉得自己丑过,不可救药过,在喜欢的人面前自卑过,这是人之常情,不管多么漂亮的女孩儿,在这个阶段都不能免俗。"我说。

她一连串地敲了好几个谢谢,"原来我并不是唯一一个这么觉得的人啊,真好。"

我心里一动,想要回复她什么,提起笔,却又想不起来。

另外一个记得很清楚的问题,也是来自于一个姑娘,她说:"我害怕被爱,讨厌被拥抱,哪怕是关系很好的朋友,也不想跟她们太亲近。但这种感觉我不敢告诉任何人,怕被她们觉得是个怪胎,每天都在伪装的感觉,真的好痛苦。"

那是我写成了文章的一个问题,文章下面有很多人留言,"我也是这样的啊……"有人在评论里写下了自己同样的困惑和苦恼,有人留下了自己的自愈方法和心路历程。

第二天,那个姑娘又跑来找我,"真的太感谢你了,我昨天晚上大哭了一场,却觉得好开心,开始有一点信心,来改变这个没有安全感的自己。"

我心知肚明,自己的文章并不是什么百年难见的灵丹妙药,仅仅凭借几条简短聊天中的信息,根本没有办法给出一个人完整而又专业的建议。

"谢谢你。"而她说。

"谢谢你让我知道,我并不是唯一一个有这种感觉的人,我不是个怪胎,也不是个神经病。"

我们在意问题本身,也很在意自己是不是那个唯一的,被问题击中的人。

而确认自己不是孤独的一个人在战斗,是比一千条一万条建议本身,更强大的鼓励和动力。

人心那样复杂,而感同身受又太难,不理解的人,无论你怎么解释他都不会懂,而有着同样经历的人,只消你一个眼神他便明白。

渴望联结,渴望被理解,在联结中感受支持,在理解里找回力量。这是我们一生都在汲汲追求的事。

阅读的意义,旅行的意义,都不过是在混沌时空和茫茫人海中寻找自己,那些相近的人,那些相近的经历,会变成深入骨血的勇气,让你在每次想到放弃的时候,都可以咬着牙再坚持一小会儿。

而如我一般的作者们存在的意义,或许也并不仅仅是像个人生导师一般,为他人指点迷津,每个人都有自己的人生要过,都有千万个回避不了的大小问题,而坐在电脑这端的我,无从推测别人的人生走向。

我能做的,其实只是告诉你,这世界上还有其他人如你一样,无论你遇到的是什么,你都不是独自一个人在战斗。

每一种情绪,每一种境遇,都不孤单。

你所经历的,总有人经历过,他人所感受的,你在同样的心境中也会感同身受。

那是你无从回避的成长,但成长本身,也会抚平一切。

那些遥远的陪伴,是太过强烈的能量,以至于我们在提问或者求助的同时,潜意识里都会想要确认自己并不孤单。

是啊,你从来都不孤单。

有人跟你一样迷茫犹豫,理论上明明都懂,可却总是下不了决心治疗自己的拖延症。

有人跟你一样被爱所伤,怀疑过感情,怀疑过自己,怀疑过世界,以为有了坚硬无比的铠甲,却最终被另一个人心甘情愿暴露的软肋温柔融化。

有人跟你一样心怀梦想,正在咬着牙从冬季的被窝中爬起身按掉闹钟,眯着眼睛去赶最早一班的公交车,每一天都觉得好累好无助,却从未想过随波逐流。

有人跟你一样甘于平凡,没有什么功成名就、出人头地的伟大梦想,却也从来没有放弃坚持着只属于自己的独特一生。

有人跟你一样内向沉默,无法长袖善舞,无法舌灿莲花,无法把情商玩转得如同小丑手上的彩球一样精彩,却在安静中,完成与自己的一场又一场的对话。

那些一个又一个的故事,一个又一个的人,他们千差万别,他们相隔千里,却分享着同一个太阳。

你们在各自自己的战场上奋战,或许从未曾谋面,或许声息不闻,但只要你愿意抬起眼睛去看、去寻找、去体会、去交换自己的感受与经验,你便会知道——

你从来不是一个人在战斗。

我无法
朝不保夕地去爱你

前段时间跟一群单身的朋友一起吃饭,席间有人发起了一个话题:"你在哪个时刻最想谈恋爱?"

"逢年过节被父母逼婚,可是明明还没有对象的时候吧。"

"每当被身边人秀恩爱撒狗粮的时候……"

"出去旅游的时候买了超级美的裙子,站在很好的风景里可是没人给拍照的时候……"

其中得到最多人赞同的是这么一句话:"大概是觉得自己快撑不下去的时候吧。"

在冬天加班完十点的街头饥寒交迫地等着迟迟不来的一辆公交车;在医院一个人挂吊瓶时数着药水滴答滴答,却没有人可以说说话;在被老板当炮灰背了黑锅,却还得硬着头皮赔笑,直到走出空无一人的大楼,发现自己嘴角僵硬地上扬,眼泪却流了满脸。

在那些觉得自己一无所有的时刻,如果身边有一个人,应该是件很美好也很温暖的事儿吧。

我跟女友小未聊天时，将这个答案讲给她听。

"两年前，我也是这样以为的。"她说，"可现在，我最想有个男朋友的时候，却是我一切都很好，不缺钱也不缺朋友，只缺个人来谈恋爱的时候。"

小未跟她的前男友，是从中学到大学的同学，他对她一见钟情，从闷骚的暗恋转入火热的追求，攻势持续了四五年，却都没有打动小未的心。

毕业之后，小未去了上海，背井离乡一个人打拼，常常加班到很晚才疲惫不堪地回到那个仅有十几平米的出租屋。有天她回到小屋的时候已是十点，匆匆吃了饭倒在床上，刚进入梦乡就被气势汹汹的敲门声吵醒，她一睁眼，就是满地的水。急忙跑进洗手间，才发现自己在泡完澡清洗浴缸的时候，忘记了关上水龙头。

她被楼下的大妈训斥了近一个小时，并不得不立刻打电话给房东报备这一事故，睡梦中被吵醒的房东自然没有好声气，小未隔着电话都能想象房东那皱成"川"字的眉。

"我家里可都是高级的木地砖，装修好了还不到两年，怎么就遇见你这么个倒霉鬼！"第二天房东来视察事故现场，对着小未痛心疾首一顿痛批。

事情最终以小未赔了房东七千块而告终，那是她当时两个月的工资。

她欲哭无泪,却偏偏祸不单行,一直在跟的那个客户忽然转签了其他公司,老板不问青红皂白便怪罪到她的头上。她被骂得血淋头,并不得不通宵整理历史数据给老板交差时,小屋里忽然停了电,灯火俱灭,唯独膝上的电脑闪着幽幽的白光,电池的图标垂死挣扎般地闪烁了一下,然后黑屏,她做了几个小时的数据瞬间化为乌有。

"你知道那种绝望吗?就像潜水的时候忽然抽了筋,拼命挣扎,却身不由己地沉下去。"

他就是在那样的绝望中来到她身边的,拖着个行李箱,手里提着一碗热腾腾的关东煮,"我刚好出差换机,就想着顺便过来看你一下,给你发微信也一直没回,应该还没时间吃饭吧。"

她几乎是用尽了全部的自制力,才克制住马上就要决堤的眼泪。

"那一瞬间,我真的想过要不然就跟他在一起算了,他来得太巧,就像是你走了好久好久,筋疲力尽,忽然有人送来了床。"她说。

但生活并不会一直苦下去,而应急的将就,无论如何也无法支撑两个人走完一生。

她很清楚两个人从生活习惯到价值观的不同,将对方当成生活撑不下去时的一根救命稻草,对自己不负责,对对方不公平。

生活的窘迫或许会为两人种种的不合做遮羞布,可这层布一旦揭起，便是满地狼藉。

人在最脆弱的时候，是很容易将感激和依赖误认为爱情的，但爱情并不是补丁，孤独的时候贴一贴，痛苦的时候补一补，来遮挡生活的斑斑苦难，可所谓患难见真情，一定是先有了真情，才遭遇患难，而不是在患难中，草草将慰藉当作真情。

小未送走了他之后哭了很久，她找了一家通宵营业的咖啡厅，熬了一夜，将老板布置的任务做完。她很聪明，又努力肯干，一年之后便升了职，换了一间条件更好的房子，我出差路过的时候见到她，早已抛却了一身的窘迫之气，眉眼之间自信从容。

她有了男朋友，是一次志愿活动中认识的男孩，而那个追求她五年的他，也早已成为人夫。

弗洛姆在《爱的艺术》中说：

"不成熟的爱是，我需要你，所以我爱你，而成熟的爱情，是我爱你，所以我需要你。"

一个人为自己选择另一半，不该像逃机者需要降落伞，仓皇无助的时候找一根救命稻草，而是一个人现在可以过得很好，可依然愿意去爱。

爱情是个奢侈品，它可以被苦难历练，却绝不会因将就而生。

它最坚强，撑得起滔天波浪；也最脆弱，瞒不过一颗自欺欺人的心。

我无法一无所有地去爱你，也无法接受将就一生的爱情。

可不可以等等我?

等我脱下战衣,等我做回自己,等我衣食无忧,等我有了自己的天地,只缺一个人来恋爱的时候。

再遇见你。

你总是贪图简单，
人生就会越变越难

有次聚会的时候跟一位朋友聊天，她初入广告行业，说起合作的甲方，大倒苦水，"你不知道我这个客户有多变态，挑完风格挑色彩，挑完色彩挑文案，我这一个项目没做完已经通宵了好几次了。"她挂着个硕大的黑眼圈，萎靡不振地端着一杯咖啡。

她问我，"说实话，你们做甲方的，是不是虐我们的时候特别快乐，觉得自己特别权威啊？"

"不会啊，会有一些微调，我们很少要求合作公司这样翻盘似的改方案啊，两边都浪费时间，你是不是做方案之前没跟客户沟通？"

她愣了一下回答我，客户只会给一些基本的要求，而细节性的东西，他们却是先做好了方案再去找客户沟通。

她说，"带我的师父说，跟客户提前沟通可麻烦了，他们又不专业，还特别喜欢发表意见，沟通完了做方案的时候特别束手束脚，还不如自己先做个雏形再给客户看。"

"那……带你的师父是不是也常加班？"我猜出了大概的原因，试探问道。

她苦笑，"你怎么知道，我们这对难师难徒每天都是七八点才下班，都不知一起拼了多少次车了。"

"做方案之前跟甲方确认细节，虽然开始的时候很麻烦，但是真正开始做的时候却可以节省很多修改的时间，这样算下来的话，还是提前沟通更省事啊。"

她讪讪地笑了笑，"我就是想着，从简单的问题入手，问题才能迎刃而解嘛。"

我想起以前带过的一个实习生，他常常在办公室都熄灯了之后还留在电脑前加班，我给他安排的任务并不繁重，而他同期的伙伴们也都能按时下班，我开始留心他总是加班的原因，这才发现他由于英语不好，很多带着英文的邮件都需要逐字翻译。

"公司在网上买了学英语的课程，有公共账号，所有的课程都是免费。"我跟他说。

"我上了两节课就放弃了……我英语基础太差，学起来特别累，还得留着体力加班呢。"他愁眉苦脸地说。

"可是你就没想过，如果你英语提高一些，或许就可以少加点班。"

"没想过，"他老实地摇摇头，"我总得先把手上的东西理顺了再去学习吧。"

我看着他用某翻译软件译出的语句不通的客户要求，终于明白了他的方案总是一遍遍反复修改的原因。

"辛苦"和"努力"是不一样的。

辛苦很简单，只要投入大量的时间和精力，把自己弄得筋疲力尽即可。可是努力却很难，它不仅如同辛苦一般要求你的付出，还要求你对自己的短板有清晰的认识，对自己能力的提升空间有一些基本的判断。

去做那些比较困难的、让自己升值的事，才叫作努力，而一味追求简单，仅仅靠体力去撑的，本是最最廉价的辛苦。

上完一堂Excel的培训课，和手动计算大量的数据相比，后者更简单，含金量却也更低。

花精力揣摩好客户对方案的偏好和要求，和不管三七二十一就动手开始做相比，后者更快，却也更加低效。

工作如此，生活也如此。

与其婚后为了两个人不同的消费观而吵闹不休，倒不如婚前就打开天窗明确沟通。

与其对他给你买的不称心的生日礼物抱怨许久，倒不如开始的时候就明确的传递自己的诉求。

将就很容易，沟通却很难；接受很容易，要求却很难。

那些你逃避开的困难的东西，并不会从你的生命中凭空消失，你做一千一万件擦边鼓的小事，也解决不了真正的困难。

同样都是花费时间和精力，解决难题的每分每秒都是增值，而绕开核心的每时每刻，都距离真正的成长越来越远。

直到你消耗尽了年轻人的锐气和体力，消耗尽了自己的耐心和信心，那个被你逃避的困难的内核依然存在于你的人生，而你对它，已然无能为力。

吴伯凡老师曾经提到过一个名词，叫作"散户模式"，所谓散户，就是一大群总是习惯于从容易的、低风险的事做起，寄希望于自以为是的小聪明和自作多情的好运气，但最后的结果一定是输的人。

无论是想做成一件事，还是想过上更好的生活，都应该从戒除"散户心态"开始。

只有直面困难，才能取得突破，不要总放任自己停留在心理的舒适区，一遍一遍地重复着那些低效而没有含金量的工作。

如果困难的核心实在难以解决，而你不得不从周围的一些小问题入手，那也千万不要忘记问题的核心所在，时刻提醒自己：我要解决的问题，并不是加班，而是提高效率；我要达成的结果，不是妥协，而是两个人都能开开心心。

人生对于所有人来讲，都是很艰难的啊。

早一点解决难的事，你才能越活越轻松，而你若是总贪图简单，生活便会越来越难。

你奋斗了十八年，
别总急着跟别人喝咖啡

大学新生开学的那个月，我在公号后台收到一条留言：

"我觉得自己好可悲，爸妈临走时留给我几千元报一个日语培训班，可是我没忍住，给自己买了一个 iPhone，剩下的钱现在连买日语书都不够了。"

他说，"我宿舍的同学家庭条件都特别好，看着他们 iPhone、iPad、macbook 的标配，说不羡慕是假的，可是我手头的钱就足够买一部手机，忽然想起人家常说的那句话，'你奋斗了十八年，也只能跟别人一起喝杯咖啡'，感觉特别绝望，起点差得太远，或许我这一辈子也赶不上了吧。"

我回复他，"你抛开虚荣心先去想一个问题，是这个日语培训班能让你增值呢，还是这部新手机能让你增值？如果你可以从这部手机上获取到之前无法接触的新信息或者机会，那用钱去买手机也未尝不可。你前十八年的奋斗只决定了你有没有跟他们一起喝咖啡的机会，但现在你要考虑的是，自己是不是只满足于跟他们喝杯咖啡而已。"

他沉默了半响,回复我,"那我还是去把手机退掉吧,等我上完培训班自己去带家教,一个学期下来应该也差不多能买一部iPhone了。"

这并不是我第一次看到类似的留言,刚开始的时候,我还在纳闷现在的孩子为什么都如此虚荣,而看到得越多,却越觉得有一点悲哀。

那些孩子们不是仅仅"想要一点好东西"而已,而是想去证明"即使我的起点低,但我现在也跟你差不多",当一个人无法用能力来证明自己时,就很容易选择用行头和装扮来强求地位上的平等。以为跟那些家境良好的同学们用着同样的东西,出入同样的场所,就可以跨越家庭背景的差异,用假象来证明真实的自己。

我上大学的时候曾经有个朋友叫小M,从上大学开始就不停地做各种兼职,除了专业课之外一概不上,也很少去图书馆学习,她每个月赚的打工费,大概是两千元左右。

她是个很爱美的姑娘,几乎将全部的钱都用来买名牌的衣服和化妆品,期末考试完我们一起吃饭,小M特别激动地说,"我家里虽然穷,可是我现在跟那些家里有钱的女孩儿没有什么区别,我现在吃的和用的,几乎都跟宿舍里那个富二代一样。"

那时候我们不懂,不是所有富二代都是电视剧里的纨绔子弟,这世界上还有一个词,叫作厚积薄发。

大二的下半学期小 M 来找我,脸色阴沉地说起宿舍里那个富二代的女孩,"你知道那个×××吗?她被选上去做洽谈会的陪同翻译了,时薪二百。"

时薪二百啊,而她每周带四节课,每一天都要在公交车上折腾四五个小时,带一节课的价格,是八十元。

大三的时候,我找到了一家 NGO(非政府组织)去实习,偶然听到另一个项目组还要招一个实习生的消息时,我第一时间短信给了小 M,说明了薪资和工作内容。

她还不到一分钟就回给我,"谢谢你告诉我,但是这个工资确实太低了。还不如我发传单的收入呢。还是算了吧……"

之后我们都越来越忙,临近毕业才听到其他人提起,说她找工作的时候并不顺利,吃散伙饭的时候终于遇到她,远远地坐在角落里,带着一脸的愤懑和不甘心,吃完饭我们坐在体育场的看台上聊天,她终于还是忍不住,一边哭一边问我,"我比他们认真,比他们拼命,可这又有什么用呢,我拼了四年,到头来还是比别人差了一大截。"

她从大一开始的时候就能每个月挣到两千块,可是到了大四,当别人每个月能挣到四五千的时候,她还是那么两千块。

那些一个又一个的两千块被她穿在身上、涂在脸上、挽在胳膊上,却从来没有真正地投资过自己。

她什么证书都没有,也没有漂亮的成绩单,没有去任何一家企业实习过的经历,她像是一个昂贵的空盒子,在毕业季的狂风袭来之前,早早就被吹得没了踪影。

我很想问问她有没有过后悔,但最终对着她的泪眼,还是没问出口。

那也是我第一次感觉到,人和人的差异,可能并不是单纯的因为家境或是勤奋与否,最重要的是,你会如何投资自己。

想要一些好的东西,电子产品也好,服饰化妆品也罢,这样的追求从来都没有错,错的是当你手头仅有有限的资源时,你会如何选择?

你会武装好自己的面子,还是尽力充填自己的里子?

而你的每一次选择,都会在时光的推移中塑造你。

看到优秀的人,向他们学习,找机会合作,最大限度地投资自己,充分利用身边的资源开阔眼界。虽然不会立竿见影,但这个过程会给你底气,让你真正成为一个优秀的、自信的、有底气的人,而不仅仅是看起来而已。

你值得一切好东西,但或许现在还不是时候。

你都已经奋斗了十八年,何必急着跟别人一起喝咖啡,你可是将来会跟他们坐同一艘游轮的人啊。

走好自己的路,不要慌,也不要急。

愁眉苦脸是本色，
不动声色是教养

午饭吃到一半的时候，部门的一位前辈火急火燎地将我们召集到办公室，"刚刚接到客户的电话，说要求项目立刻换人，你们准备一下，十分钟之后开个会。"

项目原来的负责人是个刚来公司没多久的姑娘，她站在前辈的身后，神情恍惚眼圈发红，前辈刚刚迈出办公室的门，她就忍不住大哭起来。

"这到底是怎么回事？都已经进行了一小半了，怎么说换就换？"

"他们说是我太年轻了，他们这个项目很重要，希望公司换个有经验的人过来。"小姑娘抹着眼泪委屈万般。

我刚刚入职的时候也接手过这位客户，他们虽然要求严格，但并不是会因为资历和年龄而无理取闹的类型，安慰完小姑娘，我给之前联系的项目经理打了电话。

他十分爽快地打开了天窗，"我并不是质疑她的专业能力，但她连隐藏一下自己的情绪都不懂。我们实在是无法相信,她的情绪不会影响到整个项目的进度和水平。"

我这才听到了整个故事的始末。

上个月做汇报的时候,他发现项目的进度要比之前预计的落后不少,于是打电话向小姑娘询问,没想到小姑娘还没说几句话就泣不成声,"我刚刚失恋了,最近心情特别不好,但我一定会尽力赶上来的……"

他没有得到期望中的结果,反而得抽出十分钟来安抚她的心情,而这,还仅仅是个开端。

"我最近真的好累,状态特别不好,请你一定要谅解一下……"

"最近家里出了点事情,我实在没心情工作,但是你放心,我一定会把项目做好的……"

在她如同过山车一样起伏不定的情绪中,他终于忍无可忍,向公司提出换人。

"我明白每个新人都需要经历一个很艰辛的成长过程,但工作就是工作,我需要的是进度和方案,而不是情绪和借口。一个连自己情绪都没办法控制的人,我实在是很难相信她。"

他礼貌地表达了临时要求换人带来的麻烦,问我,"那要是你呢,你能够信任这样一个人吗?"

我想了很久,觉得自己也不能。

刚刚工作的时候，我认识了一位师兄。

他非常优秀，有着极强的单兵作战能力，从设计到做提案都是不可多得的一把好手，本来当年就要被升职成为部门经理，却因为一件突发的小事而打乱了整个计划。

那是他们在跟客户签订合同的当场，对方的财务部门因为换了新人，对合同的一个补充条目提出了质疑，原本是一个很简单的问题，解释两句就可以过去，他却当场大发雷霆，斥责对方的不专业，而对方公司的经理又有些护短，两人便在会议室里吵得不可开交。

最终的结果是老板不得不亲自到客户公司救场，以继续这一份利润不小的合作关系，而师兄因为此事在公司受到了冷遇，没过几个月就郁郁辞职。

"我那几天遇到点事，本来心情就很差了，那天也不知道怎么回事儿，就是憋不住火。"吃散伙饭的时候他说，"到现在还能怪谁呢，还不是只能怨自己。"

是啊，我们永远都无法预测或是控制自己的人生，让它按照预想的进程前进一帆风顺，也无法预计当一些意外发生时，对自己会有什么样的影响。

我们唯一能控制的事情是：当情绪产生的当时当刻，你要如何去处理它。

我在书上曾经看到过这样的一段话：

"一个人的上限——智识、能力、认真与机遇，决定了他能得到什么。

一个人的下限——道德、胸怀、良知与底线，决定了他能规避什么。"

我们常常误以为命运是由自身强项决定的，而严酷的事实一再说明，我们的命运是由自身短板决定的。

而不稳定、不自控的情绪，往往就是最不引人注目，却最最致命的短板。

你会因为优秀的能力而得到一些机会，却也很容易因为自己起伏的情绪而失去它。

得到很难，但失去很简单。

除了你自己之外，没有人能为你的情绪负责，将情绪挂在脸上，将自己的不开心昭示天下，并不能让事情变得好起来，反而会让那些原本靠近你的好运悄然远去。

愁眉苦脸是本能，而不动声色是一种修养。

在一些场合不要取下自己脸上的面具，不仅仅是因为虚伪或是虚荣，而是对他人和自己的努力最起码的尊重。

别将自己的前途和命运交到情绪手里，你才是那个握着缰绳的人。

心有猛虎，要记得栓链。

你又不是
我朋友

我第一次出国旅游，是在大二的时候。

刚刚订好了去泰国的机票，同宿舍的姑娘小F就将一张购物清单塞进我的旅行箱，她千叮咛万嘱咐，将清单上林林总总的东西唠叨了许多遍，从咖喱酱到蚊不叮，从牛仔裤到彩虹鞋，我看着那个自己小巧的手提箱，想要婉拒。

"这么多，我箱子可能装不下啊……"

"那就买个新箱子呗，或者直接找快递寄回来给我也行啊。"她毫不在意地挥挥手，又转过头去盯着电脑屏幕。

我指着其中的某几项问她，"这些你能不能在淘宝上买？又不贵，还包邮……"

话音未落就被她没好气地打断："能便宜点就便宜点呗，又没多少东西，你就不能帮我捎一下吗？"

她用那种中年人特有的，有点幽怨又有点抱怨的语气暗示我，"你还当不当我是你的朋友了？"

我那时真的是个特别包子的女同学，有点害怕自己被剥夺了做别人朋友的资格，也有点害怕自己的拒绝会得罪一个人。于是我去买了一个更大的箱子，将她的清单小心翼翼地跟我的银行卡放在一起。

我是从学校出发的，早晨八点的飞机，我拎着重重的箱子从六楼下去，她不忘叮嘱我"记得帮我买东西啊"，却始终没有站起身一步，甚至连客气一句的"我送你下去吧"都没有说。

我有些不高兴，但同时，又觉得自己有些小心眼，朋友嘛，不就是要为她们付出，彼此麻烦才能互相亏欠，包容对方的不好并时刻念着对方的好吗？

我这样以为。

我一路陆续帮她购物，只剩下那双彩虹色的鞋多处寻觅未果，直到最后一天从普吉岛回来，我才在一个街边小摊上看到了这双炫得亮眼的鞋子。我立刻买下，一回到酒店就兴冲冲地连上WIFI给F展示采购成果，她在那头沉默了半晌，发回来一句："我怎么觉得这双鞋颜色不太正呢，你去退了吧，我不想要了。"

她说得那样坦然，像把一包不想要的零食放回货架一般容易，而我买那双鞋的地方，和住的酒店距离三个小时。

我还是将那双鞋子带了回去，她也如我所料地果断没有付钱，甚至连一句"辛苦了"都没说，只是开心地将自己的东西收拾好，然后问我："七百五十四，四舍五入我给你七百五行不行？"

"不行，"我终于还是忍无可忍地爆发了，"不仅不行，给你买东西的时候我还专程换了一趟巴士，这是车票，三块钱。"

她用那种"你这人怎么这样啊"的眼神看着我，沉默了几分钟，说，"原来咱们的友谊就值八块钱。"

你还真是高估自己了呢，它其实连一块钱都不值，如果我在你眼里不过是个有利可图的廉价劳动力，那你在我心中，也不过就是个路人甲而已。

曾经有个读者留言问我，一个朋友借走了他当月的生活费五百元，屡次明示暗示未还，自己穷得只能靠啃方便面度日，借钱的那位却依旧大大咧咧地给自己买了一千多元的机械键盘。

他问，"我该怎样把钱要回来的同时又不得罪朋友呢？"

我回答他，"你最好做好心理准备，朋友和钱，你只能要一个。一个看着你因为自己的缘故只得啃方便面，却还能无动于衷的朋友，他对你的情谊，可能还真没五百块那么多。"

小的时候听过很多关于友情无价的故事，而长大之后却逐渐发觉，并不是所有的友谊都是等价的，友谊的前提是两个人的互相珍惜，而不是单方赋予这段关系的定义和价值。

时光会为我们过滤掉很多虚假的情谊，而能够留下的那些，才真正价值千金。

我刚刚工作的时候，有一次跟一位相交多年的好朋友约饭，她神情中明明有一丝悲苦的憔悴，却巧妙地掩饰着，像从前那样跟我谈天说地，直到又过了好几个月，我才在一次聚会上听到了她被分手的消息。

那是她暗恋了三年才修成正果的男朋友，不知道被分手后她该有多难过。

我也挺难过的，因为她是我的好朋友，可是这件事却是由其他人转述给我，我忍不住发微信问她："你为什么不告诉我？"

她没有回复，直接一个电话拨过来。

"因为你也刚工作，每天班都加不过来，忙得焦头烂额，我不想让你为了我的事担心。"

"可是我愿意担心。"

她在那边轻轻地笑了，"就是因为你愿意，所以我才不忍心。"

我之所以愿意为你麻烦，就是因为你不想让我麻烦。

我们被所谓的友谊绑架了太久不敢挣脱，却忘了真正的友谊是相互的体谅和包容。你愿意为她麻烦，而她却不忍心为你添乱。你愿意为她分担，她却也顾念你的心情。

我们之所以付出，是因为也遇到了值得付出的人啊。

一个小姑娘给我留言："为什么我取得了一点点成绩之后，身边的朋友不仅不为我高兴，反而会冷嘲热讽说我靠运气呢？"

我给她的回答很简单，因为那些人，根本就不是你的朋友啊。

真正的友谊是一起成长和进步，一起变得更加优秀和强大，是我希望你过得好，因为我自己也想要过得好。而不是"看到你过得比我好我就难受"。因为友谊中有羡慕，但不应有嫉妒。

友谊最纯洁，它随时随地都可以发生，无论地位，无论身份，无论财富。可它也最现实，需要心智上的旗鼓相当，逆境中的共同成长，那些不能共行的人，充其量只是你人生旅途的过客，你遇到他们，点点头 say hi 然后擦肩而过。

你会成为更好的人，然后遇到更好的人。

至于路过的那些人，就让他们成为点头之交好了。

别遗憾，反正他们也不是你朋友。

别逗了，
自由职业又不治病

有个姑娘留言问我，"每天朝九晚五，三年职位原地踏步，工作枯燥又非常无聊，我业余时间喜欢画画，你觉得我是不是应该辞职，去做个自由职业者呢？据说插画师的职业前景很好，做得成功的话可能月入好几万呢。"

我问她，"现在会每天坚持画画吗？"

"不会啊，平时上班回来都已经够累的了，一周能坚持一个小时已经很不错了。"她说，"身边的朋友都说我画得挺好的，如果辞职了之后有更多的时间画，我应该可以画得更好。"

为了证明她所言非虚，她将自己的一幅得意之作拍给我看，画在一张纸上，线条很流畅，但涂色很粗糙，看得出有不错的绘画功底，但远没有到出彩的程度。

"我今后全职画画，肯定会有更多灵感和突破的。"她信心满满。

"PHOTOSHOP，PAINTER，SAI 都会用吗？"我又接着问。

她回给我几个大大的问号,"这些都是什么东西?听都没听过,但我辞职之后可以慢慢学。"

我想了想,还是狠狠心回复一句:"我觉得以你现在的状态还不太适合做自由职业者,你对画画只是兴趣爱好而已,意愿也好,实力也罢,还远远没有到能够谋生的程度,还是安心做自己的本职工作,业余时间画一画,等水平到了一定阶段之后再考虑吧。"

她沉默半晌,愤愤地回复我,"你怎么知道我不行?说不定我逼自己一把,破釜沉舟就能成功了呢。"

我好想回复一句呵呵,成功要都能靠破釜沉舟得来,恐怕世界上早已没有船了吧。

我见过这样的一些人,他们在本职岗位上昏昏度日,每天唯一操心的事情就是下班时间,在工作中获取不到成就感和乐趣,便以"自由职业"的空头支票来安慰自己:

如果我有时间,我就……

要是我认真起来,那可……

逼自己一把,我也能……

像是一针万能的安慰剂,帮你消除日常的平庸,麻痹行动上的无能,让你至少可以在幻想中找一点安慰:我是没时间/没练习而已,如果我做了,肯定会很厉害的。

我刚刚工作的时候,有位前辈跟我说过这样一句话:"你如何对待你的工作，就如何对待你的生活，在工作中你解决不了的东西，在生活中你一样解决不了。"

一个偶尔加班一个小时就愁眉苦脸，跑到朋友圈大骂资本家的人，即使做了自由职业者，也没有能力和毅力坚持每天八小时乃至更长时间的练习和学习。

一个在本职工作上都敷衍了事，混吃等死的人，自由职业也无法拯救你的将就心理和重度懒癌。

而我们所见的大多数成功的自由职业者，并不是因为他们做了自由职业才得以成功，而是他们本来就是以成功者的身份，带着大量的经验、人脉和资源步入到自由职业的行列。

他们坚持过每个加班之后的学习，坚持无论寒暑没有假日的规律作息，他们积极地挖掘着每一个细节，将自己的优势和技能发挥到极致。

我们常常以为，破釜沉舟是一条出路，可以激发出自己更多的潜能和力量，将我们送至从未达到过的顶峰。

可是工作也好，谋生也罢，都是一个长期的活计，你固然可以像一根弹簧般将自己瞬间拉长，但也需要考虑，这种绷紧的状态对你而言能够持续多久。

如果你总是得将自己逼得破釜沉舟才能转过生活的弯，那一定是你的车技问题。

从人生的长线上来看，所有的工作都是一样的无聊，那种"解锁新技能"的新鲜感只有一瞬间，而任何一项技能的熟练掌握，都需要旷日持久的枯燥练习和反复。

你能坚持多久，能练到什么程度，就是专业和业余的区别。

我曾经有幸跟一位广告界的大牛一起吃饭，问她，"为什么同样主题的文案，你总是可以写得那么精彩，有没有什么技巧可以传授的？"

她推荐了几本有关营销和心理学的书，然后说，"最重要的还是大量的练习，同一个题材的稿子，我通常会从至少三个不同的角度写三份稿子，然后第二天再修改斟酌，修改两三遍以上才能见人。"

这世上没有那么多天才，也没有那么多一蹴而就，不过是一个又一个普通人，咬着牙死撑而已。

在每一个枯燥的细节里发掘新鲜，在每一个看似无望的尽头创造希望。

哪有什么新鲜、轻松、收入不菲且用不着加班熬夜委曲求全的工作。你所看到的光鲜背后，是多少个不眠之夜，是多少次推倒重来，是改过多少遍的手稿和多少根报废的笔，你或许并不知道。

我们常常误将挫败感当作一种"因为做得太久"而产生的疲惫，以为一个新鲜环境或是内容的冲击可以将你带离倦怠的漩涡，可现实却是，没有任何一种短暂的冲击能帮你脱离既定的轨道，那里的每砖每瓦，都由你自己铺设。

如果你无力改变目前的轨迹，那你也很难通过更换一份职业而改变自己的生活。

自由并不等同于轻松，相反，为了得到自由，我们需要付出更多的代价。

你不是摩西，红海不会为你避开。

想要推翻桎梏和高墙，就不要总仰望天空。看着脚下的里程碑吧，那才是道路之所在。

对不起，
你的付出已被对方拒收

后台有个姑娘给我留言，满满都是不忿，她说，"我觉得现在的人都太自私了，只看得见自己的得失，根本看不见别人的让步，我为大家做了那么多，他们却觉得理所应当，凭什么呢？"

她讲了两件事。

一件是公司组织团建活动的时候，她为同部门的同事都带了矿泉水和面包，自己的背包沉重不堪，可是当她把水和面包分发给同事的时候，却只收获了不冷不热的几句谢谢。

另一件是入住酒店，因为经费问题，公司在不同的两家酒店为员工定了房间，其中的一家是五星，而另外一家，虽然也还算得上干净整洁，却远远不如第一家来的高档。公司的大佬们提出抓阄，以游戏的形式分配房间，而她却主动提出自己可以去住便宜的那一家，她既然开了头，又陆续有几个同事表态不介意住所，看似是个皆大欢喜的结局，可是却没有一个人感谢她的大公无私。

她抱怨道，"我做牛做马背那么沉的背包上山，没有一个人帮我,连说谢谢都是敷衍了事,再说,谁不喜欢住五星酒店啊,他们在享受 SPA 和豪华自助早餐的时候怎么不想想,要不是我主动提出让步,还不知道住进去的是谁呢。"

我问她,"那你在不堪重负的时候,为什么不求助于身边的同事一起分担?"

她迟疑了一会儿,说,"难道我还能强迫别人跟我一起做好事不成?"

"你虽然没有强迫别人跟你一起做好事,但是你强迫别人心生感谢,这又何尝不是一种情感上的绑架。"我说,"当你一厢情愿气喘吁吁地将水和面包分发给大家的时候,有没有考虑过那些身强力壮的男同事的感受?他们从你手中接过食物,心中涌起一丝感谢之余也难免会觉得你太过逞强,既不给他们付出的机会,还要强迫对方接受你的照顾。"

与人心险恶无关,你的自我委屈,本来就是对其他人存在感的掠夺。

你让别人感觉到自己无能、不体贴、粗心、自私,又怎么可能收获对方真诚的感谢?

而在第二件事中,你主动跳出来摆出一副大公无私的姿态,弄得另外一些人不得不表态跟从你的无私,而另外一些人,也觉得既然是基于自愿,那一切便理所应当。

我们曾经受到的教育是"舍己为人",是"做好事不留名",

可很多时候,你强加给别人的得到会让对方觉得不舒服,而那并不是付出,那是你一厢情愿的给予。

那些被施加的恩赐,太容易被弃如敝屣。很多时候我们谈情商,以为那就是如何跟别人打交道,可现实往往是,如果你不能让自己自在,那你也无法让别人舒服。

渴望被认可,渴望被感谢,渴望被回报,原本就是再正常不过的心理,相比起默默牺牲自己眼含热泪的人,我更喜欢直来直去的爽快利落,它会为人情的往来打开一扇正向的门,而不是蒙上你的眼睛让你去猜。

告诉我你需要一句感谢,我会还你一个拥抱。告诉我你需要一句认可,我会请你喝杯咖啡。

你一边摆出"这些都是我心甘情愿的"姿态,一边还暗地里期望对方能用读心术来看懂你所思所想,不免太过强人所难。

我有一位女友,便是谈了一段"百般委屈"的恋爱,大到逢年过节回谁家吃饭,年终奖添置什么东西,小到每天鸡毛蒜皮的家务谁来做,叫外卖要偏向谁的口味。她一直在付出一直在忍让,可他却恍若视而不见。我们劝她分手,可她却眼含热泪摆出一副不感动他不罢休的架势,幽幽叹口气,"他总有一天会明白我的好的。"

直到在一次聚会上他男友也在,一位心直口快的朋友转述了她的委屈,他大呼冤枉:

"她总说无所谓,我还以为她真的不在乎,她如果有自己的想法,为什么不说出来?我也不是不愿意让步,只是我连她的立场都不知道,你让我往哪里让?"

是啊,你让他往哪里让呢?你从未坦诚过自己的感受,也从未明确提出过自己的期望。

蔡康永曾经发过一条很好玩的微博:

"你觉得你忍他忍很久了,但你忍的是他吗,大概不是。

你忍的不是他,而是你对他的怒,你忍的是你自己。

自己怒,然后自己忍,而他完全不知道发生了什么事。

结果就是徒劳无功的累,因为是自己在为难自己。"

职场关系也好,爱情友谊也罢,尊重并且善待自己的意愿,应该是人际关系交往的出发点。

只有你先明白自己要什么,别人才能够给你。

与其总是挂着一张含怨的苦瓜脸,委屈了自己也讨好不了别人,倒不如坦荡荡地说一句:

"我为你付出,是希望你也可以这样回报我。"

别像个委屈的孩子一样,蜷缩在角落等安慰等照顾,成年人的交往,要靠说,而不是猜。

先去赚点钱，
再思考人生

我妹上高二的时候，我上大一。

我们坐在客厅看电视，她忽然抬起脸，很严肃地问我，"姐，你说人的一生有什么意义呀？"

我仗着比她多喝了两年鸡汤，教育她，"人生本来就没有意义，意义是你自己赋予自己的。"

她立刻伶牙俐齿地反问我，"照这个逻辑，意义是纯主观上的喽，那不是自欺欺人吗？"她叹口气，"难道人一辈子，就是为了说服自己活着很有意义吗？"

嗯，说得很有道理嘛，我俩面面相觑，忧心忡忡了好一会儿。

我妈回家后看到愁眉苦脸的我们俩，问明原委之后毫不客气地打击道，"你们俩，就是书看得太多但是做得太少，思考人生这种事啊，等你们自己能赚钱养活自己再来做吧。"

"难道我们赚不了钱还没有思考的权利了？"我那圣斗士一般的妹妹反驳道。

"你有权利思考，但是你也得知道，你现在对人生的认知还远远算不上是思考，充其量叫作胡思乱想而已。"我妈潇洒地回答了这一句，转身进了厨房。

有个读者在公众号后台问我，"我觉得吧，那些整天喊着要拼命要上进的人都太累了，人生衣食无忧就足够了，再努力又有什么意义呢？"

我回复她，"为了有更多的选择啊。"

她说，"如果为了多出一个选项就得这么辛苦，那我还是像是草履虫一样地活着吧。"

我想了想，还是问了她的年纪。

十八岁。

一个十八岁的孩子怎么能明白，当你干着一份明明不顺心的工作，却没有跳槽的能力的时候是多么的心塞。当你同期的同事们都纷纷当上了主管，经理乃至总监，而你还在原地踏步的痛苦。当你眼睁睁地看着自己的交际圈日渐缩小，却无能为力的遗憾。

她怎么能明白，所谓选择，并不只是在九块九包邮和十九块九包邮之间，不只是在买 YSL 还是纪梵希之间，不只是在租一间逼仄的小屋，还是住在市中心交通最方便的地方的区别。

还有你可以选择的交际圈，你可以选择的思考方式，你可以选择的生活态度。

你可以从父母那里继承财富，但是无法继承他们的人生。每个人的人生,都需要自己亲手打磨方能成型。

我回答她,"你现在想这些问题都太早了,有时间的话还是想办法先赚点钱吧。"

赚点钱吧,然后你就会懂一点人生。

我有位女友,是个富二代,还没毕业,家里就早早给买好了百平米的房,再配上一辆车,她活的富足有余,每天一到深夜就开始跟我们聊人生,话题包括但不仅限于:

"生活真的好无聊啊,除过交新的男朋友之外简直没有一点新鲜感。"

"为什么要迁就别人呢,做自己就行了,看不惯你的人,就不要搭理他们。"

以及那些像是从鸡汤文里抠出来的又玄又酸的句式,"人生到底是什么呢?是路还是海?是山峰还是丘陵",等等等等。

我曾经跟她就"人际关系"展开过长达三个小时的讨论,她坚持认为做人保持自己的性格和习惯,不以外物为转移最为重要,而我试图从情理、从现实的种种角度说服她,统统被她一句话打败——

你这个想法呀,就是太功利了,为什么要在意别人呢?

我困得要死,明天还得赶七点钟的早高峰,于是息事宁人,"反正你开心就好。"我说。

"是啊,人活一辈子,不就是图个开心吗?"她说,像个得道高僧似的补充一句,"其他的一切,都是身外之物而已。"

是啊,身外之物。

我还得靠着这些身外之物安身立命呢,哪有时间跟你修禅。

我腹诽一声,快速陷入梦乡。

过了一招之后,接下来她每次试图跟我在深夜讨论哲学和人生问题,我都会假装没看到。于是她渐渐地换了人选,轮到我舍友每天晚上对着手机苦口婆心,每天清晨顶着硕大的黑眼圈萎靡不振。

过了几个月左右,她打来电话,开口就说,"我遇到了一个怎么看都觉我不顺眼的女主管,我该怎么办?"

我学着她一贯的口气揶揄她,"有什么怎么办,离职呗,在乎别人做什么。"

她在电话那头急了,"你赶快给我出出主意啊,我可是等着发了薪水交物业费的。"

她住在靠近市中心的位置,房间面积又大,每个月光物业费和水电费加起来就得上千,再加上车子的加油、保养等等,终于逼得这位大小姐不得不出来找工作上班。

"我房子车子已经都捡了现成的,总不能连物业费都得靠爸妈交吧。"她叹口气,"都二十多岁的人了,让我觍着脸去要生活费,这种话我也说不出口。"

我应她邀约,在楼下的一家咖啡厅碰面,这才发现她将一头挑染的黄发早已全染了黑，整个人虽然看起来有些憔悴，但身上那种颓废的萎靡之气早已一扫而光，她眼神炯炯地跟我讨论起"讨好更年期女主管之二十八招"，丝毫看不出一点得道高僧的模样。

她笑笑，"工作太忙，好久都没时间思考人生了，但现在还是觉得，赚钱更重要一点。"

没有人是一座孤岛，所谓人生，原本就是自己去体验、去碰撞、去经历之后的心得，而不仅仅是坐在家中衣食无忧时刻的思索。

一个人开始成熟的标志，并不仅仅是年岁过了十八，而是他有了赚钱的能力，不仅仅是谋生，还有如何跟他人相处，如何看待世界，又如何看待自己。

一个没有通过自己的双手赚过钱的人，是很难明白其中的道理和意义的。境遇，运气，能力，机缘，这种种微妙，并不是只靠亲朋好友的口口相传就能够说得清。

没有人天生就知道人生有什么意义，也没有人从一开始就懂得妥协、退让和隐忍。

生活的意义之一，就是遇到难题，就是去碰壁，去受挫，去体验自己从不知道的事，而那饱经磨砺之后的，才是你的人生。

别忙着思考人生了，先去赚点钱吧。

你的教养，
是最好的投名状

亲戚家的女儿刚毕业，想要进广告公司工作，面试了好几次都惨遭淘汰，却始终不知道自己的问题出在哪里，于是跑来我家，拜托我找一位前辈给她指点迷津。

我以为她是在专业的问题上栽了跟头，于是求助于一位从事广告业多年的好友，他毫不犹豫地答应了之后，我把小姑娘的微信名片发送给他。

过了两三个礼拜，小姑娘又上登门拜访，有点不高兴地问我，"那个前辈到底是不是高管啊？感觉也给不出我什么好的建议，我后来问了他好几个问题，他也没回复我，真的就那么忙吗？"

"忙，忙死了，做广告这行的啊，真的忙起来的时候别说回微信了，连吃饭睡觉的时间都不一定有，连着工作72小时是常事，要么怎么最容易过劳死呢。"我搪塞几句，她也不好意思再问，便有些不甘心地离开了。

还没等我去慰问拼命三郎，拼命三郎倒主动来找我约饭，他开门见山,"我觉得那个小姑娘不适合干这一行,广告行业其实跟销售一样,归根到底都是跟人打交道,而她跟人交际的能力,真的几乎为零。"

他讲述了两个人简短的聊天过程。

小姑娘是将自己的简历发给他,顺带问了好几个有关面试细节的问题,他将简历拷到自己的电脑上,对其中需要修改的地方逐一做了标注,又加上自己的建议,一条一条地讲给小姑娘听,她一直在那头不声不响,过了半个多小时,才回了一条十分简短的信息:"哦,我男朋友来了,我们先去吃饭了,改天聊吧。"

没有任何歉意的,突如其来,而又理直气壮。

而第二天,她像是跟老友聊天一般,用了个没有称呼的随意开场,"在吗?我还想问一下……"

他笑笑,"其实从简历上来看,她的能力不算差,但是面试这种事是要看细节的,职场从来不怕菜鸟,但我们可以教她做事,却无法教她做人。"

一个连感谢和歉意都不会表达的人,透出的不仅仅是傲慢和粗鄙,更是缺乏修养和基本社交礼仪的表现。

将来自他人的帮助当作理所应当,将自己突如其来的掉链子当作家常便饭,当一个人无法被信任,他就无从得以被了解。

我第一份工作的时候,公司有一位前辈,传说中单兵作战能力出众，人缘却极差，我曾经跟一位要好的姐姐聊起她，"她明明那么厉害，为什么大家都不愿意跟她分到一个组？是怕自己被掩盖了吗？"

她摇摇头，给我一个诡谲的笑容，"你以后就知道了"。

没过多久，我就因为加了一个临时的项目跟这位前辈分到了同一个组，而在之后的合作中，所有的感受加起来，都只有三个字：不开心。

她大概就是那种，能让所有跟她站在一条船上的人都想要跳海自杀的人吧。

发邮件的时候永远以祈使句开头，"你今天去……"或是"把×××给我发过来"，通篇不带一个"请"字，不管别人做了多少事情，她都是一副"你应该的"样子，就连那次她带错了资料，同组的实习生打车送过来，跑得气喘吁吁的时候，她也没表达过一丝一毫的感谢之意。

想要赶进度就晚上十一点打电话叫大家回去加班，想要发脾气就不问青红皂白地将所有人埋怨一通，项目的进展虽然顺利，可每个人都感觉十分压抑。

她也许是自己感受到了自己周围的低气压，加上年终评估的时候没有拿到很好的结果，索性提出了辞职，好几个月后，我在逛街的时候偶遇她，她申请了同一行业另一家公司的高管，笔试的成绩很高，却也是在面试的时候被拒绝。

她说,"我知道我这个人有时候挺不会跟人打交道的,可我真的是没有歹意,我就是这么个性格,习惯了。"

可是现实社会中,又有谁在意"你真的是什么人"呢?

你说的话,你做的事,每一个细节,那才是你表现出来的自己。没有人会穿透你的冷言冷语,你的无礼和嘲讽,你的生硬和粗鲁去感受你的心。

你的教养,是比华贵的衣饰和靓丽的妆容更加直观的投名状。

或许十句话并不足以了解一个人,但是十句话之内,却会让你清楚地知道,自己还想不想跟这个人继续交往。

职场中如此,人际交往中也是如此。

你被自己的一言一行代表,而你所言与所做,也在潜移默化地反向塑造你这个人。

从习惯表达感谢和抱歉开始吧,逐渐学会尊重和体谅他人,要优秀强大,也要平静温和。

成为一个懂礼节和有教养的人吧。

那便是你最好的名片。

听说，
你还没能过上自己喜欢的生活

1

月见小姐在决定辞职之前，每天都要在微信上对我们进行一番狂轰滥炸般的吐槽。

"每天都要看老板的脸色说话，没完没了地加班和出差，对着吹毛求疵的上司和同事，我真的是受够了。真想像×××一样啊，在家做自由职业者，每天轻轻松松地写个文案、做个翻译，时间又自由又不耽误挣钱，人家那才叫生活。"

这抱怨来得太过频繁，以至于开始时还会经常回应她的那些人，都逐渐默默地失踪。直到她在某天终于发了大招："告诉你们啊，我终于鼓起勇气辞职了，赶快表扬我一下。"

纷涌而来的鼓励换来她频频发来的那个大笑的表情以及那句："我终于要过上自己喜欢的生活啦！"我几乎都能脑补出她露出八颗大白牙，笑得神采飞扬的脸。

"哎,你帮我介绍个翻译能赚钱的活儿呗,我这刚刚起步,只要活儿还算靠谱就行。"她问我。

对于月见小姐的第一次拜托,我极其认真地辗转找了许多个朋友,终于给她找到一份虽然报酬不多但是绝对轻松的翻译兼职。

她在那头连着发来好多个谢谢:"一想到马上就要新生了,真是太开心。"

她仿佛一下子进入了岁月静好的阶段,不再是过去那个满身怨气的小白领了。晒一晒自己种的花草,拍一拍自己画的涂鸦或是镜子里练瑜伽的身影,每天一发的健身记录,还有在读的那份读书名单——有着拗口名字的厚厚巨著。

就这么静好了好几个月,她终于有天忍不住拉我聊天:"哎,你说这些人怎么就那么难伺候呢,我翻完五千字才给一百块,进度还催得那么紧。还有上次找我做文案的那家,我改了八遍啊,他们还挑挑拣拣,居然晚上十一点打电话给我要我改方案,气得我直接就挂断了电话,有没有礼貌啊这些人。"

她气势汹汹地在那边抱怨了许久,终于在轮到我插话的时候,我劝她说:"刚开始就配合一点嘛,等人脉建立起来了怎么样都行。"

月见小姐的语气,则像是她刚见到了外星人一样,既惊讶又不解,"你傻啊,我辞职了自己的工作单干,不就是图个自由嘛!我要这么逼我自己,又被人使唤又看人脸色的,跟上班有什么区别?"

紧接着她又不甘心地絮叨几句,"真是同人不同命啊,你看那个×××多好的运气,年纪轻轻就开始做自由职业,做一笔够吃一个月,是不是什么二代啊,有人脉有家底什么都不愁。"

月见小姐口中的×××,曾经是许多人羡慕的对象。我在一次公司活动的时候见过她,妆容精致,举止文雅,带着一点独特的慵懒气质,像一只吃饱了准备入睡的与世无争的猫。我凑上前去和她聊天,"我有位朋友特别喜欢你,简直要以你的生活当作模版了。"

她苦笑一声指指自己的黑眼圈,"羡慕的人多,能做到的人少。我现在过得比上班族还要辛苦,每天五六点就得起床,看看做的方案甲方有没有意见,常常大半夜还被叫起来改图。做翻译就更别提了,看得我眼睛都花了,就那么一点点钱。"

许是看到我的表情太过吃惊和同情,她安慰似地拍拍我的肩,"这都已经好多了,刚开始的时候,遇到好多钱少事多态度差的客户,我天天跟孙子一样在人家屁股后面追账,为了几百块钱,动辄就被骂个狗血淋头。跟那时候比起来,现在真是好太多了。"

"自己做事居然也要这么辛苦?"我忍不住感叹一声。

"每一种自由都辛苦,"她笑容温柔眼神坚定,"但是值得。"

2

我想起自己刚刚毕业的时候，曾经特别崇拜一位"高冷"的前辈，他既不拉帮结派笼络同事，也不用花言巧语奉承老板，从不刻意去争取什么，却能把每一项任务都完成得很出色，每一年都在高升，直至做到高管。那个时候我还在想，这就是我想要成为的人啊，又独立又淡定，又优秀又个性。

直到一次，我终于有机会跟这位前辈聊天。在我吐露自己的崇拜之意后，只换来他语重心长的一句，"想要做什么样的人，那就要先考虑好自己愿不愿意付出相应的代价。"

用别人聊天吃饭打游戏的时间钻研业务的代价，每个夜里都在苦学然后清早起来跑步的代价，对重要的客户做小伏低百般应承的代价，对上级错误的指示咬牙做完然后自己去补洞的代价。这些，都是需要我们先努力地去变成另一个人，之后才能做回自己。

东野圭吾在那本《彷徨之刃》中曾经有过这样一段话：

"下西洋棋的时候，一开始我们拥有全部的棋子，如果一直维持这样就会平安无事，但是我们要移动，走出自己的阵地，越移动就越可能打到对方，可是自己同时也会失去很多的东西，就像是人生一样。"

我们常常以为自己想要过某种生活，或是想要成为一个什么样的人，可是这样的想法，往往是因为我们只看到了别人最光鲜亮丽的一面。于是我们羡慕别人的自由，羡慕别人的成功，羡慕别人年纪轻轻就升了高管，羡慕别人动不动就自费出国。而他们背后那些不为人知的艰辛和努力，就是我们尚未做好的觉悟啊。

哪里有不辛苦的自由，哪里有不曾妥协的成功？

清楚自己想要什么，想做什么样的人还远远不够，去了解这样的日子要付出怎样的代价，你想要成为的那个人都经历过什么样的生活，造就他们的和他们放弃的，你愿不愿意也做出同样的选择？

愿你落棋不悔，愿你终得所爱，即便这并不是一个人人都配拥有的结局。

辑四

优秀到没人爱,
你信你就输了

你也曾路过一个肖奈，
可惜却没活成贝微微

《微微一笑很倾城》开播以来，每天都会看到少女们在各种场合为杨洋的颜值舔屏，我和一起出差的小沐在酒店里刷剧，索性一口气看到大结局，小沐擦擦口水，转过头问我，"你说我们学校男的那么多，怎么就没出现一个肖奈这样的男神？"

"有的吧，金融系的成时……你当年不是他迷妹吗，这么快就见异思迁了？"

她慢悠悠地回答了一声"哦"，拖过枕头一把盖住脸，半晌才闷闷地憋出一句，"你说……要是我当年再上进一些，现在会不会……也和他在一起啊。"

小沐在大一开学的迎新典礼上就以一场优雅的芭蕾一舞成名，她漂亮又高挑，很快就被挑入学生会的活动部负责主持工作，金融系的男神成时和她搭档，男神为人和善，平时倒也十分照顾这个低他一届的小妹妹。

大一的那年，两人频繁地并肩登台主持，以至于大家偶尔看到他们落单,都会本能地询问一句,"今天不用跟他/她排练吗?"

就这样过去一年,小沐上了大二,男神大三,学校的老师找他们谈话,"你们也知道,咱们学校常会有外籍教授来开讲座和分享会,之前两个可以双语主持的学生现在都大四了,时常不在学校,不知道你两个英语水平怎么样,如果用英文主持的话会不会有问题?"

男神淡定地点点头,在一旁的小沐却慌了神,从中学开始,英文就是她致命的短板,为了准备高考做了无数张试卷,好不容易低分飞过及格线,却一直是哑巴英语开不了口,大学的口语课也基本上是她的必逃课之一。

看到她为难的神色,男神安慰她,"没事,现在开始练还来得及,要不以后我们每周抽点时间去天台一起练口语吧?"

小沐点头答应,在每次练习的时候却总是百般推诿,"学英语太麻烦了,要不你学会了之后把最常用的几句话教我一下就行了,我才懒得背那么多东西,还得练习……"

男神在她无辜的嘟嘴撒娇卖萌中缴械投降,将最常用的几句话写在她的提词板上,用拼音标注好发音,就这样顺利混过了好几次主持,直到有次一个著名的美国教授要来参加学校的交流会,校方好几天便开始准备,小沐和男神也早早被拉去会场排练。

开始的一切都很顺畅,中场休息之后该小沐出场,她习惯性地瞄向手中的提词板,这才吃了一惊,提词板背后的钢笔字迹模糊的一塌糊涂,她这才想起刚刚自己握着一瓶冰可乐,刚喝了两口还没来得及擦掉手上的水就被老师叫走。

提词板上什么也看不清楚,而她脑中一片空白,美国教授站在一边有点尴尬,用英语小声问她,"请问我现在可以开始吗?"

这并不是一句难懂的英语,可是小沐也听不懂,她呆站在那里无所适从,直到男神一个箭步冲上台拿过话筒救场,她才像被解冻似的回过神。

回神之后第一眼看见的,是他无比失望的眼神。

没有责备,没有埋怨,只是他再也不会叫她去天台练口语,他站在台上的时候,身边也开始出现另一个姑娘,长相没有小沐漂亮,身材也没有小沐婀娜,但那姑娘讲着一口流利的英语,甚至还能在主持的间隙跟嘉宾打诨插科地开个玩笑。

小沐鼓起勇气去找男神,像从前那样去要提词板,也只换来男神淡淡的一句,"你不是嫌麻烦吗,那就不用学了,以后要是有外籍教授来的话,我和她就可以了。"

中秋晚会的时候,小沐发现自己并不在主持的名单上,负责安排名单的同学偷偷告诉她,"本来是安排了你和成时的,可是他强烈要求换×××,我们也没办法……"

他口中的×××,就是那个代替了小沐站在男神身边的姑娘。

她这才愣在原地,意识到自己是被放弃的那一个。放寒假的时候痛定思痛，下定决心报了一个英语学习班风雨无阻地去上课，准备到再次开学的时候用一口伦敦腔好好惊艳男神一次，可是到了开学的时候却听说，男神报了学校的交换项目去美国留学，一起去的，还有×××。

小沐痛哭一场，再听到男神的消息，则是我们毕业的两年后。

她辗转听到了男神的婚讯，深夜里给我打来电话，"看电影、电视上两个人的疏远都是深仇大恨，可明明就是这么一点小事，为什么就渐行渐远然后再无交集了呢？"

那个时候我们才明白，对于已经出类拔萃的人来讲，他从来不缺仰望，只是希望有人可以平等地站在自己身旁。

你遇到谁不重要，重要的是你是谁。

明明缘分就在面前，却偏生遇到一种失之毫厘，叫作为时已晚。

许多年前，蔡康永曾经在微博上发过这样的一段话，无论时隔多久，读起来都会感慨满满：

15岁觉得游泳难，放弃游泳，到18岁遇到一个你喜欢的人约你去游泳，你只好说"我不会耶"。18岁觉得英文难，放弃英文，28岁出现一个很棒但要会英文的工作，你只好说"我不会耶"。人生前期越嫌麻烦，越懒得学，后来就越可能错过让你动心的人和事，错过新风景。

不要总等到后悔的时候才想到开始，不要总等到失去的时候才懂得遗憾。

学习是个需要一生去实践的过程，一项技能也好，一门语言也罢，都可以让你的人生多一点底气，有了这份底气，便能少去点错过的遗憾。

别再等明天了，别再等以后了，从此时此刻开始，当你遇到下一个合适的人，一个心仪的职位，别再失之交臂，别再因为自己当初的嫌麻烦而错过。

你单身，
可并不是狗

学霸木兰小姐回国之后第一次与人争吵，是在一家装潢精美氛围浪漫的咖啡馆。

秉持着"约会永远不迟到"理念的她，还保持着七年以前的好传统，早早就提前到了咖啡馆占据了一个比较角落又靠窗的有利位置，一边刷 Quora 一边等我们来。

本来应该是一个其乐融融的开头，可当我们走进去的时候，木兰小姐正在一脸认真地用她飞一般的语速跟服务生小哥说着什么，声音虽然不大，却看得出她一脸愤怒的模样。同行的几人见状，一把把我推出去帮腔。

"你来得正好，他侮辱人！"木兰小姐在连环炮样的质问中不忘抽出时间告状。

我努力地摆出一点地头蛇的霸王架势，甚至为了虚张声势，还努力飙出了一句字正腔圆的本地方言："怎么回事？"

而一直被木兰小姐强大气场压制的小哥，此时见我竟像是见到了亲人一般,举了举手上的小蛋糕,无奈又委屈地看向我:"老板说,今天白色情人节,免费给单身狗送福利,没想到我话还没说完就……"

话音未落,轮到我恨不得找个地洞钻下去。于是我们一行人连拉带拽地将木兰小姐拖离了丢人现场。然而,她犹自瞪着眼睛,一副迷惑不解的样子:"你们干吗拉我走?我虽然是一个人去的,可是我又没求他什么,凭什么说我是狗,难道我看上去很低三下四吗?"

同行的几位几乎要笑到吐血:"学霸啊,你出门在外,大洋彼岸都不用微博微信之类的社交软件吗?这词不是用来骂你,而是个普遍形容词,用来描述单身一族的。"

"微博我没有,微信里面也没几个好友。"学霸木兰答得理直气壮,"想当年我走之前,单身还是贵族呢,怎么没过几年我一回来,单身的成了狗了?"

"你过不了多久就能体会到了。"一位资深"狗龄"的姐姐语重心长地对她说,自嘲地一笑,"比如说今天情人节这种情侣遍地而你无处可去的日子啊;比如被逼婚去跟各种奇葩的对象blind date啊;比如周围所有人都用那种'你有问题吧'的眼神看着你啊;比如家里停电停水、电视空调坏掉、厚着脸皮求别人帮忙啊;比如看到好的风景、有个好的心情,却没有人分享的心酸什么的。说是狗都是抬举,狗活得那么无忧无虑,哪能这么可悲。"

"那……怎么办？"木兰小姐被她一气呵成的吐槽吓了一跳，"草草找个人嫁了才能做回人吗？"

那么因为一着不慎，最终所托非人的那一些算什么？

那么天天焦头烂额，苦于平衡各种婆媳、翁婿、姑嫂关系的那一些算什么？

那么因为不得不接受另外一个人的情绪，而将自己变成树洞压抑又无聊的那一些算什么？

那么因为小孩教育问题，愁得头发都花白的那一些算什么？

那么连出门购物旅行都不得自由，还需要提前报备等待批准的那一些算什么？

那么虽然有另一半，所思所聊却风马牛不相及的那一些算什么？

木兰小姐皱皱鼻子："我还是觉得……即便单身也比他们幸福。"她认真地思考了一下，郑重其事地看向我们，"如果不能恢复我贵族身份的话，你们以后请叫我单身马，至少自由和潇洒啊。狗已经很不容易了，何必要再替我们背这黑锅。"她满意地想好新名词之后，自顾自地低下头吃甜点，只留下我们愣在当场，心中一万只草泥马奔腾而过。

忘记了从什么时候开始，明明只是一小波人用来自嘲的名词被各类媒体平台无限放大，竟在不知不觉中发展成为能够代言一整个群体的公众标签。

比起"单身贵族"这样至少听上去冷静自持的字眼,我想并没有多少人会真正甘愿做一只"疲于奔命找另一半"的狗。

可是这个世界并没有那么多像木兰小姐一样敢于"丢人"、敢于反驳的人。对于沉默着蛰伏着的大多数,让他们在别人自嘲是狗的时候坚持自己是人,甚至是贵族,要比将他们扒光了扔到大街上更让其难受。

这样带着一分诙谐、九分轻蔑的词,就像是浑浊的保护色,用以抵抗着世俗观念的滚滚洪流——"我都是单身狗了,你们就别说我了呗。"可讽刺的却是,管你是情愿还是被迫,只要被贴上了这样一个标签,则非恋爱嫁人不能破。因而,造就了更多的速成恋爱,和"不过是找个人一起过日子"的将就夫妻。

而我想知道的是,当单身的人尚能带点自嘲地叫自己为单身狗的时候,那些谈着恋爱却不快乐的情侣,那些结了婚一肚子苦水无处倒的夫妻,到底在心中称呼自己什么?或者又会被旁观的人叫作什么?

单身或者结婚,应该是绝大多数人都会经历的两个阶段,无论迟早。现在,你无须关心结果,只需问自己的初心:你的现在,究竟是深思熟虑之后的至死不悔,还是匆匆选择后的草率交卷?如果你一个人,你是否充实满足而心平气和?如果你有人陪,你是否幸福安逸而乐在其中?

你有没有得到你想要的，比起你在别人眼中是什么样的人，要重要得多。没有人关心你过得好不好、是否快乐，你有没有对象、有没有新闻八卦才是他们最乐见的事。

而我确实更喜欢丛扬洋的那句：

爱情是，你遇到一个人然后想恋爱。而不是，你想恋爱了然后去找一个人。

你的单身，并不是谁的错，也不是什么需要隐藏自嘲的难堪事实。不需要用自嘲掩盖心虚，用自黑杀死骄傲；不需要借助任何的保护色存在；不需要谁的迎合和谁的认可。好好去珍惜来之不易"人"的身份，如何堂堂正正、清清白白、快快乐乐地做自己，这才是最该去想，并履行的正经事吧。

请和这个糟糕的我
谈恋爱

"我觉得自己真是要作死了,你说世界上有没有什么药能治爱情中的作病的?"D小姐有气无力地发问完,恶狠狠地咬向手中的黑森林蛋糕。

"当然有,冷暴力、分手、劈腿,样样包治作死,保证药到病除。"

"你真是……"她瞪起一双无辜的小鹿眼,看了我十秒,却又理亏词穷到无话可说,只能偃旗息鼓下去,"我也知道这样不好,可是就是控制不住怎么办?"

一向善解人意、温柔体贴的小D,一到男友的身边,就立刻摇身一变,成为"宇宙第一作"。

冬天里要吃咖啡牛奶味道的娃娃头雪糕。当他跑了许多家店铺好不容易买到时,却换来她一句不满的娇嗔:"不是这个牌子的啦,算了,我不想吃了。"

情人节的时候他带她看电影、吃大餐,她却大发雷霆,只因为她在看《美人鱼》时哭得稀里哗啦，可他只顾着看手机而没有递上一张餐巾纸。

挑剔他中午送的便当不够好看用心，抱怨他下班接她的时候晚了 5 分钟，别扭他争执的时候总不让着她，嫌弃他送礼物没送到她心坎里。再配上各种小泣、大哭、不依不饶，她仿佛是脱胎换骨，完全变了一个人。

"说实话，你是不是不喜欢这家伙？感觉跟他在一起，挺憋屈，挺郁闷的？"一起吃饭的女伴问。

"不是的，我不是嫌弃他不好才作，我就是因为他太好……"小 D 的声音渐渐低下去，漂浮起几分无力，"我大概只是想要试试看，他是不是还会喜欢我这么糟糕的模样吧。"

我曾经带过一位刚刚掉进爱河的实习生小朋友，每天早晨，她看见我都是愁眉苦脸。

"姐姐，我觉得自己是个一无是处的人，学历一般，样貌平平，工作能力不怎么样，家世背景比他差，我真的不知道他看上了我什么。每天晚上我都好担心，我真怕一觉睡醒，却发现我们的爱情从头到尾都是我一个人的梦。"

可是她明明就是 985 院校毕业的高材生，是公司项目组重点培养的苗子。她的长相虽然够不上惊艳，却也远比一般人要清秀养眼。又因为出身中医世家，她温文有礼，身上总是带着一股隐约的草药香气，像是江南小镇黄昏时候的炊烟，又恬淡又温柔。

我们一帮老人家轮番安慰她:"你真的已经很好,用不着这么自卑。"

倒是她反而急得似要哭出来:"可是我就是不知道,他到底喜欢我什么。"

"那就去问啊,旁敲侧击,单刀直入都行。旅行的时候是个好机会,就你们两个人朝夕相处,随便找个契机就开口了,要把握住小长假哦。"有人支着招儿。

小姑娘听得直点头。可是当长假结束她回到办公室,却好像又比之前更垂头丧气了几分。

"没问?"

"问了……"

"那是他没说?还是答案不够满意?"

"他倒是说了好几点……"小姑娘羞涩地低下头,"可是不知道为什么,我却更难过了……"

他爱你聪慧,你担心自己会得阿兹海默症,连最亲近的人都不认得;他爱你娇媚的容颜,可是容颜会衰老;他爱你玲珑的曲线,可是身材会变形;他爱你的温柔沉默,可是你也会发无名火,会矫情,会任性,会歇斯底里。

仿佛所有的优点都有终结的时候,而只有糟糕程度会不断地递增。

有时候,当人试图通过自我贬低,或者一波又一波的作死来证明"你看，我的确有这么糟糕的一面"的时候，她便是真的希望对方能够看到这样糟糕的自己，并且接受自己最坏的状态。

她们无非是想要得到这样一个证明——对方能够爱上或者欣赏她们自己所不能接受的，自己最糟糕的那一面。只有确认了这一点，才能够肯定爱的存在。

这一现象可以说是"负担综合症"在感情领域的集中体现。

患有负担综合症的人常常不能够相信自己，她们无法认同自己的成就，往往将成功归于外因——运气、环境等，却将失败归咎于自己。这种人有着强烈的不安全感，对一切"已拥有"的事物和人都抱有悲观的怀疑。

"他一定是被撞了头才会喜欢上我的吧……"

"我现在所获得的都是靠运气，如果有一天用光了运气，那我一定是个一无是处的人……"

而正是因为出于这样的想法，她们比任何人都迫切地需要"无条件的爱和认可"，并通过获得这样的情感输入来反证自己的存在。所有的自卑、所有的自我贬低和拼了命的作死，不过是想弄清楚一件事——在抛却了一切光环和优点之后，这样糟糕和不堪的一个我，你还会爱吗？

可是感情却偏偏是最经不得测验的一件事，它衍生的行为态度都太过随机。

这一刻你自怨自艾的时候，他给了你一个温暖的拥抱，而你改天再说一次的时候，他可能只是漫不经心地答一声："没什么事，你别多想。"今天他对你的作死无条件地包容，而明天可能就只是压抑着不耐烦的应付。

于是她们变得更加悲观："我就知道，他其实不是爱我的，他只是喜欢我的容貌、身材，或是我刻意展现出来的那一面，其实骨子里我是个非常糟糕的人，不会有人会喜欢这样真正的我。"

其实比起每个人都有的那个"较为糟糕"的一面，一次次地试探和怀疑，一次次地自我否定也否定他人，才是最伤感情的事。

试想一下，当你屡次去证明自己"其实我并不值得被爱"，难道不是在扇心爱你之人的耳光——你当初就是瞎了眼才会爱上我的，你这个没眼光没智商的傻瓜！

对于治疗尚未达到病态程度的负担综合症，电影《蝙蝠侠》里有一句话或许算是不错的良药。

It's not who you are underneath, it's what you do that defines you.（决定你的不是你是谁，而是你的所作所为。）

或许你骨子里真的就是个非常糟糕的人，那也没关系，你所表现出的行为态度，不就是正在把你重塑为一个可以去爱且值得被爱的人吗？

你之所以成为你，并不是因为你原本是谁，而是你想成为谁。你可以决定自己是一个糟糕或是很好的人，这或许也是每个人为数不多的，可以自己控制的事。

"如果你无法接受我最坏的一面，你也不配拥有我最好的一面"，不过是一句听上去解气又痛快的话。事实上，每一次当你毫不掩饰地展现出自己的坏，好就会少一分再少一分，直到有一天你将自己所有的可爱消磨殆尽，然后欲哭无泪地抱怨自己遇上了负心人。

每一个人都有自己不堪的一面，邋遢的、懒惰的、多疑的、矫情的、卑劣的、歇斯底里的、蛮不讲理的，它们本应该被拴上粗壮的铁链以防伤人伤己，而不是动辄牵出来遛遛还要强迫别人去无条件地接受。

心有猛虎，请时刻拴链——这才是一个人自爱，并且去获取他人之爱的正确途径。

我为什么
要跟你谈恋爱？

前几天推完《单身》那篇，有女性读者在公众号后台留言："急着谈恋爱嫁人的女性，不是虚荣懦弱没有钱，就是无聊寂寞又空虚。做人做到这副模样就是太失败了，没有爱情又有什么了不起，我一样能够过得精彩无比。"

这话听起来无比的耳熟，好像单身二十多年，常年摇旗呐喊着"姐是万能小金刚，哪个男人都不靠"的小A姑娘。

我曾经不止一次地被她教育洗脑："谈恋爱算个什么事儿啊，身边多出来一个人附带出一堆麻烦事，简直是买一赠十都不止，远不如自己一个人轻松自由。"

水管坏了，灯不亮，有物业啊。她首付的房子，是在某一个传说中有着24小时金牌物业的小区。两小时内上门维修，比男朋友还专业迅速。

无聊了，想倾诉了，有朋友啊。甲不在，乙没空，还有丙丁戊己庚辛壬呢。况且那些女生间的小心思，就算是男朋友也不一定懂。

买空购物车？这是她眉头都不皱就能顺手解决的小事，反正每个月工资都多得花不完。

旅行没人给拍照？自拍杆简直是人类最美好的发明之一。

生病了没人照顾？对于连感冒都会主动住进医院顺带保养，跟一波儿护士医生相谈甚欢乃至约饭的她，简直不算是问题。

被父母亲戚逼婚？可以在年节时候选择出门旅游嘛，在大洋彼岸的阳光沙滩发一张潇洒的、美美的自拍，完杀所有流言蜚语。

想要把美好的事情跟别人分享，有朋友圈和微博啊。一张照片发出没几秒，便能换来几十几百颗红心，比不解风情的男朋友善解人意太多。

"我什么都不缺，干吗谈恋爱给自己找麻烦？"我记得她端出一盘香喷喷、热气腾腾的马卡龙，扬着漂亮的丹凤眼认真发问的样子。

当一个人在物质上可以自给自足，在精神上又能够潇洒淡定地享受孤独，好像真的找不出一个"应该去爱"的充分理由。

干吗要一个男朋友，顺便牵带出他的家人、同事、哥们、前女友，许多推不掉的交际应酬？

干吗要让自己"无事小神仙"的生活中多出另一个人，从此为他的喜怒哀乐而忧愁挂心？

干吗放着自由和潇洒不要，连不到一周的旅行计划都得赔着笑提前报备？

干吗要让自己的世界和另一个人的世界相遇？然后在循环往复的冲突——和解——冲突的循环中消耗自己？

就连社会心理学家都已经证明，根据增减原则（gain-lose principle），爱人有能力伤害自己所爱的人，但几乎无力提供重要的奖励。

那些在沉醉在爱情中的人，一定都是有毛病的吧？

将自己最柔软的地方展现给对方看，亲手递给他一把可以伤害自己的刀，同时并不能确定，会不会有一天，他会用这把刀指向你。

让那个人融入你骨血的一部分，任何一件小事都像考虑自己一样，本能地去考虑他的情绪感受，却并不能保证，会不会有一天，他会亲手将这血淋淋的一部分挖出，弃如敝屣。

为了一个人放弃那么多，同时不能预知他会不会像小人鱼的王子，根本看不懂她的付出。

爱情啊，它把人变成最没有理智的傻瓜。

付出得毫无保障，却信任得毫不犹豫。

他们说，一直努力变得更好，就会遇到对的人。可是当一个人变得足够优秀，有钱有脑有趣，会陪自己玩，自给自足，无忧无虑，好像就真的没有什么理由去恋爱了吧？

这就好像是一个"不爱"的旋涡，或是因为自己不够好而不敢去爱，又或是因为自己已臻完美，不屑也不愿去寻找自己的半圆。

很多年前，曾经在某个博客上看到过这样一段话："长大的意义除了欲望，还有勇气和坚强，以及某种程度的牺牲。在生活面前，若是不懂得爱与被爱，则永远都是个长不大的孩子。"

拥有一段真正的爱情，大概是每个人为数不多，可以心甘情愿把自己推倒重建，并纠正原生家庭投射在你身上缺点的机会。狭隘的人开始宽容，冷漠的人学会关怀，控制欲过强的人学会放手，懦弱的人学会承担责任。

这一亲密关系中最强大的力量，莫过于让你看到一个值得被爱，有机会能被改变的自己。

人的一生中，最强大的力量莫过于成长，而太久的孤独会给人一种错觉——无论怎么放任也没关系，只要做好自己就好了。于是逐渐不再在乎任何人的感受，逐渐放纵自己的脾气性格，扎根进一种自认为舒适的生活，将自己逐渐包成一个茧与世隔绝，一点一点，变得狭隘偏执，而又自以为是。

促使人不断进步的力量，归根到底只有两种：爱，与恐惧。

当一个人心中没有爱，又在物质和精神上再也无须恐惧什么的时候，其实并不难预测他最后的结局。

年龄和岁月会一点点腐蚀掉你的好奇心、激情和对自由的向往，让你日复一日更加贪图安逸与舒适，懒得再伸出自己的触角，去体会外面的,那个看起来有点儿陌生的世界。

而一直有幸留在爱中的人,则得以在不断地冲突——适应——摩擦——调和中一次又一次调整着自己的外形、性格、心态,乃至世界观,以便让自己去融入不同阶段的不同角色,获得更多的机会,让自己成为一个不断成长的人。

两个人的世界更辛苦,但也更博大。

拒绝爱情最大的罪过,并不在于孤独寂寞,不在于蜚语流言,而是一个人在被放弃之前,就已经选择了放弃自己。

一如《白兔糖》里面的那句:

"一直一个人的话,是无论怎么努力也很难变成更好的人吧。"

你的优秀,你的强大,你的美好,从来都不是将爱情拒之门外的理由。它们是你的财产,用以交换更多选择的机会,和更多争取的资本:让你在尚未找到那个他之前,可以淡定地等待,而不是迫于物质的窘迫,或是精神的寂寞,匆匆嫁给一个面目模糊的人;让你在找到那个人之后,在能够在付出爱和得到爱的同时,依旧维持着自己的骄傲与自信,与他并肩而立、旗鼓相当。

有被爱的实力,也有去爱的勇气。

这才是——一个完完整整的人生啊。

我又不是只因为
爱情才跟你结婚

我到了云南的第二天,秋子打电话给我,"你住哪家宾馆?我去找你。"

我正哆嗦着手拍洱海远处的大白鸟,险些把相机掉下去,"你这是……要逃婚?"

"什么逃婚,就是出来散散心,享受一下单身的最后时光,"她说,"三十分钟后见。"

这是秋子带上钻戒的第二天,他们的婚期,就在一周之后的国庆节。

我们下午躺在客栈里的躺椅上一边看洱海一边喝梅子酒,沉默半晌,她忽然开口:"忽然有点害怕结婚了。"

她说,"虽然爱的时候挺轰轰烈烈的,但是那种因为爱一个人就坚信能够相伴一生,大概只是初恋的想法吧,两个成年人了,说什么因为爱情而结婚,这话总觉得有点心慌。"

她苦笑一声,声音像是放过了量的普洱茶,又苦又沉。

秋子和未婚夫是传说中人人羡慕的"一见钟情"式的情侣，两人在公司的尾牙年会上一舞定情，很快坠入爱河，度过了一段甜蜜如同少年的热恋时光中，恋爱刚满六个月，就决定要今后携手走完一生。

"你们当初花样秀恩爱的时候怎么不心慌？"我打趣她

秋子端起酒杯轻抿一口，"恋爱归恋爱，可是结婚不一样啊，毕竟不是小孩子了，我们的爱情能抵得过茶米油盐的琐碎，双方家庭的摩擦，和今后孩子抚养教育的压力吗？是不是应该再拖一段时间，全方面考验一下这个人再做决定？"

她犹豫了一会儿，又说，"你看好多夫妻，结合的时候还不是爱得死去活来的，分手离婚的时候却比什么都决绝，好像对方是洪水猛兽。我们办公室的室花，这不上个月也才离婚了，不过就才结婚两年，他们可是五年恋爱长跑的模范情侣啊，更何况我？"

"没有爱情支撑的婚姻固然是一个悲剧，可是夫妻本是同林鸟这句话，也并不全是形容怨侣的啊，爱本来就是易耗品，可婚姻却是长跑。"她一只手把衬衣的衣角搓揉得皱皱巴巴，哭丧着脸看我，"怎么办，越说我越想悔婚了……"

我和她未婚夫并不熟悉，也不知从何安慰起，只好一边沉默地点头，一边将她手边的梅子酒添满一杯又一杯。

客栈的老板娘在里面看了我们一下午，不知道是心疼这一季只得两坛的酒还是心疼人,端来两碗热气腾腾的过桥米钱,秋子正喝得两眼迷蒙,抓着老板娘的手问出一句特别文艺的话:"姐姐,你结婚的时候是因为爱情吗?"

"当然是爱情,难道还因为爱钱不成?"老板娘哈哈大笑,"先因为爱情,然后爱这个人,然后爱跟他一起的生活。"

"有什么不一样吗?"

"当然不一样。"老板娘一边说一边麻利地收走了我们手边的梅子酒。"爱情是盲目的,可爱那个人不是。"她狡黠地眨眨眼,抱着酒坛转身走开了。

秋子的闷闷不乐,伴随着她未婚夫的到来终结在那个周末,我并不清楚他们面对洱海聊了什么话又许了什么愿,只是在第二天秋子走下楼的时候,看到了她眼中重新被点亮的,少女一般温柔又灿烂的神光。

回去之后三天,我便收到了他们烫金红色的请柬,秋子亲自送上门来,捧着一杯咖啡言笑晏晏。

"你真的想好了?请柬一发可不能随便收回去啦。"我打趣她。

"是啊,我决定要一辈子跟定这个人了,今后在路上看到颜好的小哥,再也不能流口水了。"她笑笑,带着那种新妇特有的娇羞。我忍不住八卦,问她,"他到底给你施了什么魔法?"

她眼睛亮晶晶的比画出一个小魔仙的手势,"是爱啊。"

那个男人将她的不安和惶恐尽数全收,听完她对未来的所有担忧,对未卜人生路的忐忑和犹豫,而他的回答浪漫得像是洱海的星辰,又稳重得像是昆明桥边黑沉的石墩。

那是秋子一生也不会忘记的承诺。

他说,"我想要跟你结婚,不止是因为爱情,而是因为你,所以才想跟你生活在一起。和你在一起,我就觉得自己是可以坚持一辈子的人。"

"可是我不大会做家务,有时候很粗心,我不爱运动,也不够独立……"秋子一股脑地将自己能想到的缺点全都说出来,忐忑地看向他,"你知道我这么多缺点之后,你还爱我吗?"

她被一双大手狠狠地搂进胸膛。

"我又不是哲人,没有那么多柏拉图式的期待,我爱的不是爱情本身,而是你。"

不是那个像偶像剧一般不用上学不用上班的完美布景,而是每天琐碎凌乱的茶米油盐。

不是广告里那个带着柠檬香气和妥帖淡妆的morning kiss,而是你的坏脾气和小任性。

老板娘说,"爱情是盲目的,可爱那个人不是。"

爱是火石电光,而你是日久天长。

我很喜欢王路写过的一段话:

"缔结一段关系,不应当由于贪恋对方的好而开始,而应当由于已经做好了包容对方一切不好的准备而开始，一段关系的开始，要有一种戒慎恐惧的态度和任重道远的决心。从今往后，我愿意承担你可能对我造成的一切伤害，我愿意你改变我的生活，也愿意面对你的贪嗔痴。"

爱情很脆弱，可我们不脆弱。

我爱你，爱你的光明，便也能接受你的黑暗。我爱你如你所是，便可以接受你以我期待之外的姿态出现。

跟你走进婚姻的殿堂，可以想象一千种温存，便可以预计一万种烦恼。不可避免的束手无策，不可逃脱的茫然焦虑，彼此的试探乃至伤害。

可是那些都没关系的。

我爱你，是因为你，也是因为跟你在一次，我是比我更好的人。

一份好的爱情最大的力量，莫过于带给双方人格的成长。

从来没有人可以单纯凭借爱情走完一生，那些看似幸运的人，不过看穿了爱情的华美皮囊，看到背后的千疮百孔之后，依然愿意伸手拥抱。

这并不是大难来时才需要展现的决心，而是缔结关系的开始要做出的觉悟。

我愿意她（他）成为我的妻子（丈夫），从今天开始相互拥有、相互扶持，无论是好是坏、富裕或贫穷、疾病还是健康都彼此相爱、珍惜，直到死亡才能将我们分开。

说出这句郑重的誓言并一生实践,它需要爱情,但却又不止于爱情。那是比爱情更深刻的牵绊,也是由于对彼此的了解而生出的信心和勇气。

愿你因为爱情看中那个人,而你选择结婚的原因,却不止因为爱情。

干了这碗鸡汤，
我们仍要爱

一次周末的时候跟一群平均年龄小我五岁的小朋友聚会，秉持着三岁一代沟的念头，我自觉地将自己变成了一个温和寡言的老人家，在听到什么爆炸性观点消息的时候也不敢表现得太过惊讶，以免被这群年轻人嘲笑。

吃喝的中间提到缺席的一位，我旁边的姑娘飞快而又爽朗的接上口，"她啊，在谈恋爱呢，可怜得出个门的自由都没有。"

我一惊，"谈恋爱的时候就管得这么严了？"

小姑娘不屑地撇撇嘴，"用不着人管就迷了心窍啊，整天跟男朋友一起进出玩乐，生活圈子也小了好多，难怪人家都说单身是最好的增值时期呢，一看她和我们的区别，就知道了。"

说着这话的小姑娘，前几天在朋友圈里刚刚晒出了自己才拿下的精算师资格证，她看我不接话，又急忙补充一句，"姐姐，我真不是吃不到葡萄说葡萄酸，真心觉得一个人过的多自由多有趣，前几天一个我还看的顺眼的男生向我表白我都拒绝了。"

我终于还是冒着暴露代沟的风险问了一句为什么。

又换来她有点悲悯的眼神,"我养活自己没有问题,而且生活很多姿多彩啊,这样就已经很好了,我要他有什么用?难道我努力了这么多年就是为了找个人嫁了?"

"所以……你努力了这么多年就是为了孤独终老吗?"

她一愣,显然没有考虑过这个问题,转了话锋说,"不过我确实是喜欢自己跟自己玩一点,比起别人来我更喜欢我自己啊哈哈。"

周围的几位也纷纷附和道,"对啊,真想不通为什么整天都有那么多人巴巴地渴望恋爱啊,一个人的生活多好,又自由又上进又有趣。"

这世界变化得真快,80后尚在恨嫁,而更年轻一点的小朋友却因为矫枉过正,对爱情生出一点不屑来。

什么时候开始爱情都变成了一件负担和可悲的事情?

或许是太多故事里的爱情,都需要用不作死就不会死和你作死我也爱你的低智商情节来证明?

或许是太多鸡汤里都在鼓吹,单身是多么难得的时光独处是多么伟大的能力,而巴巴地等着爱人与嫁人的,都是一些不上进不懂生活自身价值缺乏的大龄剩女,看上去难看又可悲?

或许是所有的爱都意味着让步和牺牲,经过并不舒适的磨合,也不一定能够稳稳地步入福地,将希望寄托于自己以外的另一个人，本来就不是一件稳胜的赌局。

想起曾经跟一位非常非常优秀的姐姐聊天，结婚前她是叱咤商场的女超人，而婚后为了照顾体弱多病的宝宝，毅然辞职做起了全职妈妈，虽然经营着自己的淘宝小店并办着一个幼教的英语班，可是比起她辞职前接近 VP 的职位薪金和说走就走的自由洒脱，怎么看都差着点。

"难道一刻都没有后悔过吗？"我小心翼翼地问，生怕听到一把鼻涕一把泪的诉苦。

而她只是看着我笑了一下，"后悔的时候一定是有的，可是不后悔的时候更多，有时候他出差太久什么事都要自己做的时候，也赌气想着要这个人有什么用，还不如一个人来的自在。可是大多数时候我都感激自己遇到了他，让我有勇气去体验另外一种人生，也算是补全了那一小半自己吧。"

她低下头抚摸着怀里宝宝的神情，让我想起微博上曾经看到一句最动人的秀恩爱的话，"我想不出什么甜蜜的细节，但是我看到所有的甜蜜都不会惊讶和羡慕。"

一个人可以过得很好，或许两个人会更好，谁说这好是有止境的呢，或许人生就是这样像打怪一样前进，越来越难才越来越有成就感。

一个有趣和富有生命力的人，不管是独处还是恋爱，不管是思考还是聊天，都不会变得木讷刻薄，他们会将自己的生命力注入另一个人的生命，唤起共鸣。

只有实际有能力单身的人，才有能力去爱、去分享、去走入另一个人内心的最深处，反之，如果只是将自己困在自己的小世界却又甘之如饴，那所谓的单身万岁，其实不过是没人爱又不能够爱人的嘴硬罢了。

所有的看似洒脱，都不过是强求不得之后的虚张声势。人类不过是贪恋温暖和安稳的动物，如果能有一份足够舒适的爱，谁还会选择孤单？

刘若英的《我敢在你怀里孤独》里有过这样一个比喻：

"很小的时候特别喜欢自己的卧室，觉得只要待在自己的卧室里面就可以与外界隔绝保持绝对的隐私。再长大一点，随着身边的人越来越多，就开始渴望一间客厅，大家可以说笑玩闹，曲终人散之后我依然可以回到自己的卧室去享受自己的独处。"

能够享受孤单，也能够与人相处，这代表你已经变成了一个除了单人房还需要客厅的成年人了。

所以是谁说卧室和客厅不能并存呢，是谁说有了爱情之后你就不再是自己，不再能够优秀上进自由丰富呢？去爱的目的并不是将自己碾落成尘去讨好迁就一个人，而是凭借去爱另一个人来一点点补全自己，我们会成为自己，也会成为某种被别人需要的人。

而你所有的努力，你变得那么好，不是为了随便嫁给谁，而是为了能够嫁给你选择的那个人,而是在于尽自己的能力让这份爱变得舒适,甚至于从不可能中创造一点可能。

爱情从来都不是一件会把美好的人变的面目可憎的事,如果你不幸这样觉得,那只有一种可能,就是你所谓建立起的"美好的自己"不过是独身揽镜时看到的镜花水月。

成长意味着接纳,接纳更多的人走进自己的生命,并且能够保持独立于亲密的平衡,而不是将他们拒之门外只跟自己玩耍。

所以,鸡汤还是要读的,万一你还没遇到那个他/她,也用不着自暴自弃,该怎么吃喝玩乐学习健身读书聚会一样都不能停,如果幸运地遇到了,也不用拒之千里或避如水火,从来没有人能够阻挡你成为自己。

祝天下单身马都成神驹,祝天下有情人终成眷属。

干了这碗鸡汤,我们还要爱。

优秀到没人爱，
你信你就输了

"如果 A 男配 B 女，B 男配 C 女，而 A 女只能跟 B 男或者 C 男将就凑合的话，那我这些年拼得头破血流成为 A 女，难道就只能换来孤独终老？"

说话的 J 小姐用羡慕嫉妒恨的眼神瞟向了邻桌那位画着不合时宜的浓妆，不时用超大的嗓门爆个粗口，又不时在男友怀里撒娇打滚的，青春到有些放肆的小姑娘。苦笑一声，"以前最看不上这种人，现在真是好羡慕她们啊……"

这已经是 J 小姐第 N 次相亲失败，她颓然地往后一靠，"拼了前小半辈子，除了'优秀'这项帽子什么都没得到，现在优秀到没人爱，想想真是不值。"

不只是 J 小姐抱怨过这样的话，我听到过许多个版本的故事。

从小数理化文史哲全优，上学的时候一路三好拿着全额奖学金保送研究生，工作之后一路顺风顺水步步高升出国镀金，腹有诗书通情达理温文尔雅挑不出任何大毛病，不自闭不自傲有车有房有相貌，可偏偏就是没有人来喜欢，好不容易有一场像是恋爱的约会，最终也总是不了了之。

像是一个模子里复制出来的失败和孤独。

小 J 长叹一声总结，"在这个男权社会里，女人的优秀给男人的压力太大，为了逃避这样的压力，男人都会倾向于选择比自己差的女人，所以 A 女只好剩下没人爱喽。"

真的会有人优秀到没人爱吗？我们有必要首先审视一下这所谓的"优秀"。

第一，有些优秀是为了掩盖自卑。

"我从小就知道自己长得不好看，所以我一直很努力，读书也好，工作也好，从来都是第一名，每次绩效都是全公司最优……我变得这么优秀，可还是没有遇到我的他。"

这是一位女性读者在公众号后台的留言，可堪当作是一个非常典型的"自卑型优秀"的代表。

因为长得不好看，所以把更多的精力放在学习工作上，试图用"第一""最优"之类的光环来掩盖自己的缺点，在聊天过程中当我问，"那你有没有尝试过改变外在形象"这个问题时，她反而有些气愤地质疑，"我不就是因为自己不好看才这么拼的吗？不是说取长补短吗，我都已经做到这么优秀了还不能弥补长相的弱点？"

阿德勒在《自卑与超越》中提出过这样一个理论：

由于自卑感总会造成紧张，所以争取优越感的补偿动作必然会同时出现，但是其目的却不在于解决问题，争取优越感的动作总是朝向生活中无用的一面，而真正的问题却因此可以被掩盖起来或避之不谈。

这就是为什么，有时我们所有的努力其实并没有达到它应有的效果。

你的优秀不过是在为自己制造一个安全感的假象，好像生活中所有的困难都会因此克服，而整个世界都会为你的优秀让出一条路来。

她们越优秀，其实就越自卑，优秀已经成为了她们不可脱下的厚厚的外套，在炎热的夏季也不得不紧紧地套在身上，因为她们心里其实比任何人都清楚，抛却这层优秀，她们试图掩盖的疮疤便会一览无余，所以她们比任何人都要看重自己的优秀，把它当作护身符一般，并对所有试图接近她们内心的人报以敌意和抗拒。

直面"长得不好看"这个问题，最好的应对方法是让自己的打扮、妆容、发型尽可能的变的得体，还觉得自卑的话，攒钱去一趟韩国也能解决问题不是吗？

找到自卑的根源，去解决它而不是掩盖它。自信永远都来自于自我肯定，而不是别人加持的光环与赞扬。

第二，有些优秀是劫持他人的一件武器。

"我都能每天加班到11点、每周通宵三次做方案,他一个大男人为什么就不行,没上进心没毅力没前途。"

"我每天下班做完家务之后可以看书学习,他就说只有打游戏才能放松,难道不是没追求吗?"

类似于这样的话,相信每个人听起来都不会陌生。

因为"我都能做到×××"来推导出"你也应该×××"的逻辑,就是用自己的优秀来劫持他人的不二途径。

这也是为什么,一些带有优秀光环的人反而看上去没那么可爱,他们的优秀不是一种品德,反而被当作一种武器来要挟他人,他们做到"优秀"并不是出于想让自己变得更好,而是出于:只有我优秀了才能去要求别人。

他们的逻辑简单而粗暴——因为我做到了,所以你也应该做到,如果你没有,那你不够好。如果你想要得到这么"优秀"的我,你就要跟我一样要求自己。

这世上有多少亿人,就有多少亿种生活方式。你选择拼搏,他选择松散,双方都没有错,优秀并不能让一个人变成救世主。适得其反的往往是,这种武器式的优秀往往会极大地激发对方的逆反乃至厌恶心理:

我配不上你,那我走还不成吗?

第三,有些人优秀得死气沉沉。

某天街头偶遇大学时代后桌的男生约好一起吃饭,寒暄几轮过后,他神秘兮兮地眨眨眼问我,"你还记不记得咱们班的×××?"

我在脑中飞快地过了一遍当年同学的样子,捕捉到一个面目模糊的学霸。记忆里她很少说笑,大多数时间都是出没于教室——图书馆——教室的两点一线,被誉为"行走的牛津词典"。

"她现在跟我一个部门,整天拜托让我给她介绍男朋友,你要有合适的人选跟我说一声,就当帮我了。"他头疼地补充道。

"我把自己哥儿们给她介绍,介绍一个杀一个,介绍一双灭一双。这姑娘简直就是现代版灭绝师太。"

他苦恼地摇摇头,"不是我刻薄,她除了有头长发之外,浑身上下只有两个字——禁欲,跟她相处感觉就像办公桌上的电脑一样。"

你有没有遇到过,一些特别优秀,却莫名其妙的让你不愿意接近的人?

那些出口就能背公式,心算就能解方程,却总是无法继续一段聊天的人?

那些从每一个毛孔都透出严肃,全身上下只写着"我爱学习我爱工作闲人勿扰"的人?

这些人多半有着优异的成绩和业绩,有着不错的物质条件或是并不孤单的精神生活,但是他们周围永远没有朋友,当然,也很难出现一个恋人。

他们活得太过严肃认真，一丝不苟地顺着"优秀"的途径前行，尚未把优秀内化成为一种开放式的、接受性的包容，反而安于在某个划定的区域范围内做一个佼佼者，并且不愿离开这样狭小的天地，因为只有在他们熟悉的领域，才可以占据那种高高在上的、权威一般的安全感。

他们拒绝一切看上去不那么熟悉的可能性、新的领域、新的人，一点点将自己的世界封闭得越来越小，越来越乏味，逐渐让自己活成一个长满了苔藓的、优秀的青铜像。

他们抹杀掉自己想要偷懒的欲望、想要玩乐的欲望，一切不能够产生知识和业绩的活动在他们看来都是浪费时间。不是一心学习就是一心工作，这大千世界在他们眼中，统统都只是一个颜色。

他们活得像是现代版的小龙女或是现实版的高冷总裁，可现实又不是电视剧和小说，哪里能来那么多嘴甜心软长得帅的杨过和善良单纯萌白甜的软妹子等着你爱着你。

杨过和妹子早在半道上就被别人抢走了。

其实，优秀的表现形式有一千一万种，可归根到底，都可以说是生命力的渲染和传播。

将一个人的欢乐、兴趣、理解力、眼界、智识、幽默，以及一切富有生机的东西注入给另一个人，从而唤醒他／她深藏着的生命力而已。

跟真正优秀的人交往其实远比想象的轻松，他们很少抗拒和否定，永远带着谦卑的好奇试图理解。

他们会平衡好自己的欲望和努力，让自己每一天都轻松地走在路上，而不是成为一个面目狰狞却众叛亲离的强者。

他们蓬勃而又温暖，帮你打开一扇又一扇的窗，却从不强迫你伸头去看。

他们不会将自己的心封闭起来，而是会坦然的将自己的世界打开欢迎一切新鲜事物的造访。

而成为一个优秀的人，其实也没有那么困难。

不用成为学霸，不用五项全能，不用拼得头破血流。

让自己自信，给他人自由，永怀好奇之心，做一个有趣有爱有生命力的人。

这就是你触手可得的优秀，而这样的人，运气真的往往都不坏。

你中了恐惧的招，
爱情也不是解药

我有位很要好的女友，姑且称为小 T，她很漂亮，可是一直到二十七岁"高龄"至今还是单身，圣诞节的时候她休了年假来找我玩，夜聊的时候跟我说悄悄话："告诉你哦，我今年的目标就是找个男朋友，"她重重地叹口气，叹息声消散进天台的风，"再不恋爱就老了。"

我认识她之前便早已听说过她大学时期无疾而终的几段恋爱，于是委婉劝她，"爱情这种事随缘，也别太着急。"

小 T 在大学时期，是我们学院的院花。

每一次恋爱，都以轰轰烈烈的绯闻开头，可往往持续不到三个月，还没等到寒暑假就迅速凋谢，还通常是以男方提出分手而告终。

她每次失恋都会跑到天台来哭，而我常常在天台看书，一来二去的便成了好友。

她自己总结道，"我想享受陪伴的甜蜜，却不想承担陪伴的义务；我控制不住自己看他手机的欲望，可是每次他看我手机我就像吃了一万只蚂蚁那么恶心；我不想对他太好，却又期待他能一直对我好……"

"我的问题，我自己都知道的。"她说，"但是我一个人没法儿改啊，还是得多谈几次恋爱就好了，人家不是说，爱里的毛病爱里治嘛。"

小T大学时的最后一次恋爱，持续的时间不过两周，她敲开我宿舍的门，像是宣告"今天天气不错"一样平静地开口："我又分手了，他说跟我在一起太累。"

一个人被恋爱消耗是什么感受？大概就是你付出的一切她都照单全收，可是却吝惜提供哪怕是一点点的回报。大概是你对她敞开胸襟变成一个无害的透明人，而她却冰冷地拒绝你进入她生命的一个边角。

她冷静地复述完男孩子的话，终于带上了一丝哽咽，"我只是害怕，害怕不矜持就不被珍惜，害怕他了解我之后并不喜欢真正的我，害怕得到之后又失去，所以不敢让自己真正去喜欢一个人。"

可是带着铠甲的试探，要剥落多少层才能看到真心？

我们指望着爱情来治心病，却不知爱情原本就是放大镜，会将一个人心上的洞无限放大。

人常说年龄越大就越难喜欢上一个人，并不仅仅是因为人生观变得成熟，另一部分因素，是人越成熟越讨厌失去。

讨厌等待着短信和电话的每一分钟，恐惧着甜蜜之后痛苦的剥离，畏惧那个人走进你生命之后可能带来的影响，也忧虑着"万一自己其实没有那么好"带来的幻灭。

"保持距离"带来的惯性太过强大，以至于任何一点突破围墙的接近，都看起来像是冲击。宁愿不要喜欢一个人，也不想让他走近真实的自己。

对抱有这样心态的人，"多谈几场恋爱就好了"显然不是个非常明智的建议。

爱情可以教会你很多事情，但唯独无法教你如何去自己相处。

找到更好的自己，然后再去爱别人，这不仅仅是一句安慰单身青年的鸡汤，更重要的事实是：

真的很难有人会喜欢上一个疑神疑鬼，偏执自私，喜怒无常的你啊。

而所谓成长和成熟，不仅只是每一年蛋糕上多插一根蜡烛，更多的则是心智的发展。正如弗洛姆在《逃避自由》中说的：

"一个人能够，并且应该让自己做到的，不是感到安全，而是能够接纳不安全的现实。"

这世上没有什么不分手的恋爱啊，每一段恋爱都交汇着相亲相爱和互相伤害。

你爱一个人，并不是因为永远不会失去他，而是因为明知可能失去他，还愿意珍惜每分每秒去爱。

所谓成长,不就是在失望——绝望——希望的循环中摸爬滚打的过程吗?爱情无它,只是成长的经历之一而已。

我很喜欢的一个比喻,说爱情是一片大海,有许多的人来海边玩,远远地站在沙滩上看风景拍照。有一些人走到浅海的地方,弯下腰拾取贝壳,享受海潮拍在脚背上的感觉。而只有少部分人会冒着巨大的风险陷入深海,而那蔚蓝深处回馈他的,也必将是不为人知的美丽。

很多人的"好感"夭折在摇篮之中,不完全是因为遇到的困难,而是我们将爱情想得太过完美,人为地将它美化成一片柏拉图的圣地。

你来海边之前,需要先做好的觉悟是,海滩上可能会有垃圾,海里可能会有危险的生物,你可能会受伤。

可是如果这些已知的瑕疵都不能阻挡你对大海的向往,那你就来吧。

希望你会成长为一个聪慧而强大的人,明白所有的希望都与失望为邻,明白所有的真诚都可能成为软肋,也明白所有的拥有必将以失去结尾。

希望你在明白这一切之后再选择去爱,而不是在爱中求证这些。

希望你的恋爱是一场过瘾到每个毛孔都张开的深海潜泳,而不是只停留在岸边浅尝辄止的试探。

我有爱情，
你有面包吗？

"你身边的女朋友们会不会也这么虚伪？嘴里说着'我自己有钱不稀罕你给'和'我只是想找一个真心人'，但是一举一动都透出一股浓烈的铜臭味。"

一位不知年龄的男性读者在公众号的后台留言，字里行间满是愤愤不平。

"我们是朋友介绍认识的，一起吃了两三次饭，彼此感觉都挺不错。可是她却忽然把我拉黑了，辗转了几个人打听，居然是嫌我要求AA，说我没诚意。"

"就这样，你们居然还能见两三次？"我简直不敢相信自己的眼睛。

"有什么不对吗？"他理直气壮地回我，"又没确定恋爱关系，凭什么两个人吃饭一个人掏钱。"

我默默擦掉几滴冷汗，没有回复。

第二天起来看到他又发来一句，"看看，你一发现我就是个穷屌丝，就也不搭理我了。这真是个向钱看的世界，呵呵。"

呵呵，我在心中也这般笑了两声。想起了女友丁香讲给我的两段故事。

丁香的初恋男友，是大学的同桌。出身农村家境贫寒，而丁香自己，虽不是被千娇万宠出来的富贵人家女儿，却也是当老师的父母捧在手心的闺女。

她在家里宣布跟他正式牵手时，父母的房里亮了一夜的灯，第二天清晨母亲拉着她的手欲言又止，"我们倒不是嫌弃他，只是怕你受苦。"

那么年轻时候的丁香自信满满地拍了拍胸脯，"理解嘛，你们肯定担心贫贱夫妻百事哀，可是你女儿我这么能干，怎么会让自己穷到没钱花。"

果然毕业之后，她和他都凭着自己平均绩点全年级前三的好成绩面试进了当地最大的一家快消公司，从管理培训生开始做起，在当年这个消费水平并不高的二线城市，两个刚刚毕业的年轻人每月的工资加起来，就已经有一万多。

他们美滋滋地租了一套两居室的房子，美滋滋地牵着手去吃街边的烤羊肉和擀面皮。和美到旁观的所有人都认为他们终将成为一段佳话。

直到她在某个下午里哭着给我打来电话，"我今天上班的时候真的晕过去了，当时好害怕，觉得自己快要死了，我的人生还没过够呢。"

"那个谁呢,没好好安慰一下你?"我顺口问。

"吵架了……"她沉默了几秒,"说不定还会分手。"

她给我讲完了故事的始末。

那个周末他们不知道在外面吃了什么东西,回到家不久她就开始上吐下泻,半夜还发起了烧,而第二天清晨当她提出要请假,请他帮忙见到主管之后补充说明一下情况的时候,他却挑着眉毛问她:"你不知道咱们这十个实习生只能留下两个人吗?离考核就剩下两个月了,你居然在这个节骨眼上请假?"

当她又一次强调自己很不舒服,他的回答居然是,"不过就是拉拉肚子,一天不要吃饭饿一饿就好了。又不是什么大病,别娇气啊。"

被爱情冲昏了头脑的丁香小姐,居然就真的强打起精神起床跟他一起去上班,却还是因为体力不支在下午的会议上跌倒在地失去了几秒意识,然后被同事强行送进了医院挂水。

"我连让他陪我去医院都没有,他还是觉得我小题大做。"她在电话那头泣不成声,"我就算是失去了这份工作,也不至于要花他的钱啊……难道在他心中,我这个人还没有这份工作重要吗?"

那天她哭诉了好几个小时,包括并不仅限于她在恋爱纪念日买了一盒瑞士莲送给他庆祝,而他看了小票之后软磨硬泡地回到超市换成了一盒德芙。

她生日时在一家装修小资格调优雅的咖啡厅定了位吃饭，而他知道之后二话不说就取消了预约，在小区门口的饺子馆里花了15块点了一份饺子为她庆生。

"我知道他家里条件不好，我从来也没有嫌弃过他，从来不要求他为我花钱，甚至是他需要给家里寄的话，我来付生活费都可以。"她抽泣良久终于冷静下来，"他总有一天会明白我的好吧……"

反转的是，他们爱情的完结却最终是他提出了分手，"我觉得，咱们的生活习惯相差太大，你们城市的女孩多少还是有点拜金和物质崇拜的，我给不了你这样的生活。"

留下丁香小姐欲哭无泪，"谁要你给我钱和物质啊，我自己会挣，你只要给我爱情就好了呀。"

过了快两年的时间，才又听到她重新恋爱的消息。

吃怕了穷亏的丁香小姐，这次的恋爱对象是个传说中有家族企业的富二代少爷，第一次参加丁香的朋友聚会，就主动积极地掏包买了单，并且极其慷慨地在离开时为所有人叫好了出租车并付清了费用。

透过车窗和路灯的光，看见丁香小姐被那位少爷单手搂在怀里，脸上是笑着的，他对她的朋友都这么好，对她也应该是极其爱的吧？我想起她房间沙发上铺满整个一排不重样的迪士尼限量玩偶。

这一次,在"爱我还是爱钱"的抉择中,她应该再也不会被放弃了吧。

没到半年,就听到了她分手的消息,我被电话传唤过去的时候,她正在咬着牙满头大汗地打包着这段日子中他送她的各种零零碎碎的礼物。

"我昨天刚把他请我吃饭旅游看电影的钱转给他,今天再把这些寄出去,我就跟这个人两清了,你帮我拿一个包,对,就那个橘黄色的。"

"你这次倒是为什么?"好容易寄完了三大包之后,我们在常去的那家咖啡店聊天。

"他是有钱,可是他除了钱就没别的了……"丁香强迫症般的将手中奶茶的吸管拉直了又扭弯,"才谈恋爱,他就让我辞职,在家每天陪着他玩,打打游戏看看剧,腻了出去旅游一圈。"

"毕业五年了,一直就在家啃老,什么事都没干过,我每次说起自己工作上的事情,他都特别不屑。"

她模仿着他挑起眼角看她的神情,惟妙惟肖,"你那点工资够我请兄弟们吃一顿饭的吗?"

丁香终于玩断了手中那根可怜的吸管,长叹一声下了结论,"我真的是不希望自己的老公要靠啃爸妈的面包啊……"

"还谈恋爱吗?"我打趣她,"有没有什么可以八卦的心灵创伤让我积累点灵感的?"

"爱啊,为什么不爱呢?万一下一个就是对的人呢。"她笑,"我现在的择偶标准是,一定要能挣钱,也一定要舍得给我花钱。"

"我自己买面包,你给我爱情就好。"这句话看上去豪气干云。可是爱情,它从来就是两个人的事情啊。

三国时期的繁钦著有一首《定情诗》,诗中的一对恋人用各种信物盟誓,表达"非 TA"不可的心意——

何以致拳拳?绾臂双金环。何以道殷勤?约指一双银。何以致区区?耳中双明珠。何以致叩叩?香囊系肘后。何以致契阔?绕腕双跳脱。何以结恩情?美玉缀罗缨……

爱一个人,本来就是不由自主想要把自己最好的东西给 Ta 而已。

这个道理简单到看起来粗暴——愿意给你钱的人不一定爱你,而不愿意给你钱的人,他一定没那么爱你。

你难道可以想象自己的另一半,深情脉脉地拿着一块土疙瘩跟你盟誓的场景吗?或是在嘈杂的大排档中跟你扯着嗓子甜言蜜语?

爱情和面包从来都不是对立面。

甚至可以说,面包无法决定两个人能不能相爱,但在很大程度上却能够决定两个人最后能不能在一起。

任何一份好的关系,都应该是情感和物质的合体。

在感情中追求物质，在物质中深化感情，这才是两个人应该长长久久为之奋斗的目标。

因为物质去投身一场恋爱太过不值，但是在一份爱情里完全抛却物质的身影却也傻得可怜。这世上最美好的爱情不过是，我们互相喂食面包，也能互相为爱情打气。

钱在我眼里，你在我心里。

有何不可？

你真的可能
一辈子都单身啊

"出来陪我喝杯咖啡吧,我请你吃黑森林。"小A在电话那头音调恹恹,"还是老样子,谁也没看上,白跑一趟浪费时间。"

这是她不知第多少次在相亲会上铩羽而归。

"我明明要求也不高,只是想找一个能了解我的人而已,为什么就这么难?"

她狠狠咬下手中的马卡龙,"论条件我也不差啊,有钱有貌有身材,为什么总遇到一些不着调的男人。"

小A自28岁开始陆续由身边的同事朋友亲戚介绍相亲,至今已有三个年头,她的择偶标准从"有房有车"到"有腿有腹肌",直线简约到现在的"能聊得来,能理解我"。

可即便这样,作为一个资深的文艺女青年,能够弄懂她脑回路里那些复杂小九九的男人,也罕见得如同北京冬日的蓝天。

小A是个爱情的理想主义者,即便在一次次的相亲和周围所有催婚的声音中,她都依然秉持着自己坚持的底线:

聊不到十句断片儿的，不谈；不喜欢运动的，不谈；不喜欢读书的，不谈。

"这世界那么大，单身的男人那么多，我总不会单身一辈子吧？"她说，"只要有那么一个合适的人，我都愿意等。"

"我一定会找到自己的灵魂伴侣的，你说对吧？"她问我，眼神灼灼。

我一句"肯定"卡在喉咙口，却忽然想起了另外两个朋友的故事。

女友小B，是个童心未泯到有些天真的女孩子，男朋友却是地地道道的工科男，平时不苟言笑，严谨归严谨，生活中却总觉得木讷，小B第一次将男友带到我们的聚会上来，有好事者便立刻做出预测，说这段感情不会持续太久。

我虽不敢苟同，可是看着小B坐在那儿，兴致勃勃地跟一群好友聊动漫聊美剧聊熊本熊，而他坐在一旁，竟像听天书一般地微张着嘴，眼里都是茫然，过了一会儿则不停地打哈欠，掏出手机频繁解锁又锁屏以打发时间。小B发起的话题，他居然没有一个能接上的。

"还是跟你们聊天感觉棒，我平时都感觉自己在种木头。"小B娇嗔一声推推身边的男友。

心里有种莫名其妙的惋惜，

那个天真的、活力和少女心爆棚的小B，她应该拥有一个同样从漫画里走出来的阳光少年啊。

"不合适"三个字像是春日斜阳下的游丝，微弱却不可忽视地存在在空气里。

聚会结束的时候，我接完一个电话慢悠悠地往电梯走的时候，忽然看到了先我一步离开的小B和她男友，在一个娃娃机面前，她兴奋地叫着"我要这个，还要这个"，而他稳稳地操纵着机械杆，像是施了魔法般的百发百中，小B怀里已经抱了两个玩偶，看向他的眼神，满满都是崇拜。

那个大男孩一晚上首次露出一丝放松的神情，"你喜欢就好。"他说。

我们一起在楼下等车，中途小B去了洗手间，他像是忍了半晌似的，快速掏出一根烟，就要点着的当口，却又犹犹豫豫地放下，那依依不舍地闻着香烟的样子，像一只对着鱼罐头的猫。

"她……不让我抽，我答应她的。"迎上我的目光，他不好意思地解释了一句。

"来参加女朋友的聚会，感觉很新鲜吧。"我问。

"非常好，非常好！"他这么说着，几不可见的皱眉表情却暴露了真实的想法，过了几秒，又说，"只要她喜欢就好。"

他看向她远远跑来的身影，脸上满满都是欢喜。

只要她喜欢就好，他说。

爱啊，才不是你撸你的串我看我的剧，而是那些我不大喜欢的事,也愿意为你去做,在这样一点一滴中,才懂得这个完整的你。

另一位朋友小C,是一家公司的财务,找了一个有洁癖的医生男友,每天勒令她回家之后至少洗手三次才能碰食物,她为了他剪掉了自己精心保养的长指甲,也只是因为他坚持认为长指甲会残留细菌很不干净。

大大咧咧的小C遇上了这么个精细到有些婆妈的男友,很是头疼了一段时间。

小C有个坚持了许多年的习惯,就是喂养楼下的流浪猫,每天晚上她都会带着猫粮来到最偏僻的那个空地喂食,而这个习惯,更是被他诟病已久。

"你不知道流浪猫身上有多少细菌吗?"

"它们可是会发狂咬人的……"

"别进门,先去洗澡。"

是她每天去喂食的时候都会听到的话。

小C常常想不通,作为一名救死扶伤的医生,他为什么对小动物这么缺乏同情心呢,可是他们关于这件事的聊天却一如既往的以他的教育而结束:

"这些野生动物之所以没有生存能力,就是因为有你这样的人娇惯着它们,你要不能收养就别发善心,弄得它们一点警惕性都没有,更容易受到伤害,而且在居民区里聚集这么多猫,也影响别人。"

小 C 在心底撇撇嘴，有些不确定，跟这么个刀枪不入到铁石心肠的人在一起，真的会幸福吗？

那是一个下着大雨的傍晚，忽然传出了一生凄厉的猫叫和刹车的声音，她连雨伞都顾不上拿，便飞奔下楼，就在她常常喂食的地方不远，一只猫卧在血泊里，眼神中满是惊恐。

小 C 不敢碰它，却忍不住心疼，看着大雨将猫身下的血水一点点冲淡，忍不住失声痛哭。

"你拿着伞，让我看看。"熟悉的声音在她身后响起，他不由分说把伞塞到她的手中，他提着个简易的医药箱给猫检查，一边检查一边批评她，"跑那么快有什么用，连伞都不知道拿，怎么这么笨。"

她举着伞，在泪水和雨水的交织里看到他的脸，语气中满是嫌弃，眼神里却满是宠溺。

那个对干净追求的有些偏执的人，半跪在地上，手上又是血又是泥，而他甚至顾不上擦一把脸上的雨水，便抬起头对她笑笑，"别哭，就是后腿断了，能救活。"

那只猫在小 C 家的第二个年头，他们举行了婚礼。

没人知道他们是否合适，是否互相懂得，是否灵魂相契，是否志趣相投。

可是那都不重要。

没有任何一份爱从开始就是熨帖的，像是一场泡泡浴一般每个毛孔都贴合的舒适。

它挑剔，它骄矜，它倔强，它自私。

战胜这头小兽，是与婚姻的对方并肩携手一生作战的事。

最好的结果，不过是你我在与之战斗到狼狈不堪鬓发散乱之时，尚能微笑相顾。

这世上哪有什么天生的灵魂伴侣，不过是在理解之前，就选择了毫无质疑的支持和包容。

爱是一场旷日持久的战斗，从一开始就期冀完美的人，早早便放弃了自己的参战资格。

你真的可能一辈子都单身啊。

所以不要等，不管神态多么虔诚，姿态又有多优雅。

出发点错了，便一切都是枉然。

你的灵魂伴侣，必然是由你自己打磨而成，在一天又一天的争吵、退让、眼泪、微笑、不断磨合中，变成最适合你的那一个。

你若不执斧钺，又能到哪里找到那个天生一对的人？

我知道你在，
就能走得更远

我曾经跟几位女友讨论有关安全感的问题。

我们坐在朋友家新买的大沙发上，抬头就是一扇大大的落地窗，窗外夕阳正好，她从厨房里端出新烤的马卡龙招待我们，几个人一边说笑，一边称赞她将自己的小家打理得井井有条。

就在上个月，她成为了这套房子的主人，全款一次性付清，加上欧式精装，可是那个本应该骄傲的微笑着站在城堡中央的公主却叹口气，说自己觉得特别没有安全感。

同行的一位姑娘倒吸一口凉气，"你这有房有车有存款的人要是都没安全感，那我们还有活路吗？"

"那是安全，不是安全感。"她摇摇头，"听过那一句话吗？我从来不敢倒下，因为我的身后空无一人。我现在就是这种感觉。"

有关安全感的讨论就此展开，认为安全感是自己创造的，而不是依靠他人得来的，认为安全感是来自于陪伴和照顾的，认为安全感本身就是一个虚构概念的人各执其辞，每个人都各有道理。

"以你一贯鸡汤的风格,一定也觉得安全感来自于自己吧。"我正走神之间,被一位女友点名站队。

对啊,市面上有关安全感的文章不都是这么说吗?

如果你在豆瓣读书里输入安全感,就是看到排名前三的都是看上去正能量满满的《永远不要找别人要安全感》,《我能给自己满满的安全感》以及《在不安的世界里,给自己安全感》。

它们几乎无一例外地传达着一个道理:安全感是自己给自己的,如果你给不了自己,那你就是心理有问题。

我曾经也对这个观点深信不疑,直到见证了椰子的故事。

我和椰子是多年的好友,椰子人如其名,性格像个男孩子,利落洒脱不别扭,从中学开始就被冠上了"女金刚"的外号。

工作之后更是个实打实的拼命三娘,熬夜出差做空中飞人不在话下,体力和毅力都让很多男同事自叹不如,她收入不错,早早就有了自己的房子,闲时健身看书学插花,无事小神仙。

就是这样的椰子,在陷入爱情的时候简直是变了一个人。

我听说过许多恋爱中作死的事例,可椰子那上天入地的"作"法儿,简直可以说是无出其右。

电话一定要三声之内接起,微信一定要秒回,每天一定要来接她下班,工资卡必须直接上交,出差必须每六个小时跟她联系一次,必须得记住大大小小的纪念日,买的零食必须合自己胃口,玩游戏的时候如果她有事必须立刻回应。

至于什么深夜离家出走,动辄以泪洗面,一哭二闹三分手,也不知上演了多少遍。

我为爱情将一个人变得如此疑神疑鬼而有些不齿,或委婉或直接地劝过她几次无果,往来就渐渐少了,只在一次聚会上见过椰子的男友一次,那是个沉默得有些木讷的男人,有点拘谨地坐在椰子的身边,说话前习惯性地先看看椰子的神色。

我们都以为这段爱情不会持续太久。

椰子登山时摔断了腿的消息传来,已是好几个月之后,我去她家探病,她一条腿被高高的吊起,打着厚重的石膏,形容有些憔悴,精神却是极好,那不是她一贯有的,像冰雪一样凛冽的锋芒,反而是一种说不清的,柔软而又笃定的光辉。

她男友下班回来,打了声招呼就一头扎进厨房煲大骨汤,临走时,我正在准备措辞,想提醒她要稍微收敛一点,她冲我点点头。

"我知道你想说什么。"她说,"你放心,以后我再也不会了。"

"终于折腾累了?还是患难见了真情?"

"你见过玉匠凿玉吗?当一块石头里藏着的玉被凿出来之后,它就再也不会做回石头了。"椰子说。

那是她长到二十几岁从来没有过的狼狈,刚刚打上石膏的两天,每晚疼得撕心裂肺,动辄一身大汗,却连澡都没有办法洗,她所有光鲜亮丽的外表都被剥去,只剩下一个憔悴丑陋的躯体。

她不敢告诉家人，于是所有照顾她的工作都落到了他头上。在一个又被疼醒的晚上，她正躺在那儿默默地流泪，忽然被一双手握住，厚实温暖。

她没有开灯，他也没有说话，他们就在黑暗里两手交握了许久，直到她沉沉地睡去，在每个低微呻吟的瞬间，那双手都在。

她在恍惚间觉得很安定，像是一艘漂泊了许久的船终于找到了港口，像是一颗终于被敲开的椰子，抛却强硬粗糙的外表，终于露出了那颗洁白柔软的心。

原来，我是个值得被爱的人啊。

心中的一大块石头轰然落地，砸出一地细碎微茫的尘埃。

武志红老师曾经写过这样的一句话：

"人无法独自长大，一个人需要借助饱满的关系，才能发展出一个成熟的自我，所以长大很难。"

安全感的定义本身，不仅仅是"确定控制感"而已，"人际安全感"也是其中至关重要的一部分。

"安全感是自己给的"和"如果你无法接受我最坏的一面，就也不配拥有我最好的一面"其实并不矛盾。

只有深信自己是安全的，才能将向外的追求回归自身，去创造更多的安全感。

知道自己是值得被爱的，然后学会真正去爱自己。

借助过外来的力量，才意识到自己有力量。

像一颗从未面世过的珍宝,只有被珍惜过,才明白自己的价值。

想要让"安全感"这一概念完整,不仅仅需要自我修炼,也需要与外界的互动和试探。

并不是需要你时时刻刻陪在身边。

我知道你在,就能走得更远。

对你说如果的人，
能有多爱你

女友 H 深夜发来微信，"我真恨自己不勇敢……现在后悔得肠子都青了。"

我知道她的感慨来源于那位倾慕已久却失之交臂的男神同事，她曾经在我面前不止一次对着男神的身材气质大淌口水，明明自己也是一只才貌兼备的白骨精，一提起男神，立刻就变成了花痴傻白甜。

"其实我本来都已经死心了，毕竟我们认识之前，他就已经有了女朋友。"她说，"可是你知道吗，他今天说，如果他没有女朋友，他可能就真的跟我在一起了。"

她发来的是条语音，听得出激动的微微哽咽的语气，"我现在才知道，他也是喜欢我的呀。"

那是他们公司团建，各个部门的人聚在一起玩游戏，真心话大冒险的时候，男神被问到的是个有些暧昧的题目，"你觉得市场部的 H 怎么样呀？"

他看着她在篝火边被映得近乎透明的脸色，眼里掩不住的期待、紧张和一丝的惶恐，犹豫了几秒开口："H是个好姑娘，如果我没有女朋友，一定会去追求她的。"

她讲到这里，又叹一口气，"我一晚上都没睡着，脑子里全是他的点点滴滴，早知道他也喜欢我的话，我就算试着横刀夺爱一次也未必不成啊。"

我想了半晌，还是决定跟她说实话，"我觉得吧……他可能就是随口说一下，也没别的意思。"

"那是你没看到他当时的眼神。"她在那头急了，"我觉得他是真心的。"

这次轮到我在这头叹一口气，"可是他如果真的动过心，又哪儿来的如果呢？"

"如果"本来，就是感情中最不靠谱的假设啊。

一份建立在如果之上的感情，连基础都是虚妄，又遑论生长和培养？

那个说着如果的人，不过是不忍心伤害，于是搬出一个假设作为盾牌，承认你的好的同时，却否决所有在一起的可能。

而这一句如果，却最容易让死心的人动心，又让动心的人神伤。

我有个关系很好的哥儿们，大学毕业时去了北京打拼，而他的女友选择了在本地读研，然后找一份在高校教书的工作终老。

他们异地三年，诸多矛盾，朋友聚会的时候，他提起过自己的难处，公司刚刚成立千头万绪理不清，自己每天都忙得昏天黑地恨不得一分钟掰成五分钟用，哪还有心情想着给对方浪漫体贴和惊喜。

有次聚会的时候，他忽然说，"我准备回老家，公司已经逐步走上正轨了，我准备招个职业经理人帮忙管着，每个月过来看上几次就行。"

"遭遇一哭二闹三分手了吧？"有人劝他，"男人嘛，还是得以事业为重，你成功了，自然有人愿意上赶着跟你在一起，何必在这节骨眼上为一个女人放弃，你以后肯定会后悔的。"

他没说话，摇摇头苦笑一声。

聚会结束人都散的差不多的时候，他走过来问我，"你是不是也觉得我做这个决定特别傻，特别不划算？"

"爱情里哪有值得不值得，只有愿意不愿意。"我用自己最喜欢的那句台词回答他。

"我这辈子吧，可能还有机会再挣百万，但是如果错过这个人，可能就不会再有了。"他想了几秒，笑笑说，"如果有如果的话，我宁愿自己失去的是钱，不是她。"

他是个有些木讷死板的理工男，说这句话的时候斩钉截铁，认真得如同起誓，他自己不知道，仅仅是这一句，就已足够完败世界上所有浪漫的情话。

我不想在很多年后回忆起这个人，只能用一句"如果当年"来概括。

不想让你成为我的遗憾，成为我的一句如果。你是我不能假设的确定，是我即使只有万分之一失去的可能，也不想冒的风险。

他回老家之后的第二年，他们举办了婚礼。

我喜欢凡·高的那段话：

"每个人心里都有一团火，路过的人只看到烟，但总有一个人，总有一个人能够看到这团火，然后走过来，陪我一起。我带着我的热情，我的冷漠，我的狂暴，我的温柔，以及对爱毫无理由的相信，走得上气不接下气，结结巴巴地对她说，你叫什么名字？"

从"你叫什么名字"开始，后来，有了一切。

那个真正为你动心的人，他若真的看到了你的这团火，便一定会向你走来，哪怕步履缓慢，哪怕姿态蹒跚，但他一定一定，不会忍心用一句"如果"来搪塞，那些对你说着"如果"的人，不过是礼貌又疏远的路人甲。

他或许真的有某个瞬间曾对你动过心，但那称不上是喜欢，更算不上是爱情。

爱从来都容不得假设，从来都容不得想象，也从来都容不得架在虚构地基之上的空中楼阁。

它是颤巍巍迈出的第一步，是彼此不断向对方努力靠近，是日复一日的经营，是放弃和选择。

它可以是很多很多种东西，但唯独，不可能是如果。

去找那个不会让你成为假设的人吧，去找那个愿意走一千零一步靠近你的人吧。

最好的空中楼阁，不如跟你一起撑过的那把雨伞。

最美的镜花水月，比不过他正在走向你身边。

你完美，
我好累

百合面带微笑地说出"我跟他分手了"的消息时，我们以为这又是一个恶搞的愚人节玩笑。

可能是两个人作为模范伴侣的标杆太久，以至于早已成为大家心目中不倒的典范，可能是百合说出这话的时候太过平静，像是在转述一个关于别人的事实，我们几个人统统愣在当场，面面相觑。

还是百合自己打破了沉默，她伸手为大家添水的手腕柔美如同天鹅的脖颈，"我没有开玩笑，是他提出分手的，态度很坚决。不过分了就分了，好聚好散，没什么的。"

没什么的，百合说。

她脸上掠过一丝失落的痛楚，却转瞬即逝，像一颗石子被投进湖中，微漪过后又恢复平静。

聚会结束后，百合先行离开，去上她雷打不变的茶艺课，剩下另外几个姑娘七嘴八舌地讨论起来。

"百合这么好,简直就是完美女友典范,他到底是怎么想的?瞎了吗?"

在座的一个姑娘是百合男友的同学,说,"其实我有次同学聚会见到他了,他当时在跟别人聊天,说百合什么都好,就是太完美了,当时我还以为是花式秀恩爱也没在意,谁知道他们就分手了呢。"

"这算是什么借口,所有没有理由的借口都是渣男。"暴脾气的一位姑娘忍不住恨恨,"下次不要让我看见他,不然我一定要狠狠教训他。"

放狠话的是她,可重逢"渣男"的却是我。

在一次志愿活动中,我和百合的前男友被分到同一大组,一路上我并没有给他好脸色看,直到活动结束返程时,他特意走过来找我聊天。

"我知道你们都觉得是我的错,是我脑子有问题才跟这么好的姑娘分手,是不是?"

我点点头,他便苦笑一声。

"我们在一起三年,我怎么不知道她好呢?可是就因为太完美了,反而让人感觉到不真实,像是个真人养成游戏一样,一点都不像人生。"他说。

从来不撒娇,从来不吵闹,从来不抱怨。即便是他由于沉迷游戏而忘了做饭,她也只会微笑着说没关系,然后变戏法一样的到厨房弄出两个清爽的小菜，即便是他下班之后跟同事出去喝酒聚餐直到半夜，她也从不会打电话查岗或是催促。

相恋三年，他们从未红过脸，像教科书里的白纸黑字一样相敬如宾。

"我不知道你们能不能懂这种感觉，就像她明明在你身边，却像站在云端一样，你触摸不到她，也无法知道她在想什么。"

他试图发起的很多次触及内心的聊天都以她无懈可击的回应而失败，可那些滴水不漏的回答，并不像是情侣间的对话，而像是上下级的问答。

他试图惹她生气，在她发高烧的时候故意在外面玩到傍晚才回家，迎向他的却依然是那张弧度不变的笑脸。

他试图惹她嫉妒，故意偷偷摸摸地接电话发微信假装跟别人暧昧，她却永远冷静而淡定，连他特意放在茶几上的手机都没有碰过。

她像是一个按照完美的程序制作出的人，而他像个小孩子一般，面对这样无懈可击的程序生出浓重的挫败感。

"我怎么不知道呢，我再也没机会找到一个比她更好更完美的女朋友了。"他眼眶微红，"但我是真心想要谈一场恋爱，而不是只跟一个完美的皮囊朝夕相处。"

他走出几步，又转身回来问我，"她说出我们分手的事儿时，有一点点难过吗？"

那眼神太过期待，以至于让人产生一种错觉，如果她曾为这份爱情掉几滴眼泪，哪怕皱一皱眉头，那他便会毫不犹豫地找她复合。

可那场没有丝毫烟火气息的爱恋，连凋零时都悄无声息。

临走的时候他说，"或许是我自私，不成熟，但是我的女朋友，如果不为我生气，也不为我流泪，那她到底爱我吗？我不知道。"

从前看过一部美剧《绝望的主妇》，其中的一位主角叫作Bree，红发白肤，下得了厨房打得了猎枪，优雅而强大到几近天使，而她的丈夫却执意要跟她离婚。

印象很深的一个情节，是Bree的丈夫嫖妓时心脏病发作被送进了医院，她匆匆赶来，当他醒来之后，她却故作镇定地起身，独自在洗手间无声痛哭，哭完之后出现在他面前的她，又带上了那种优雅的微笑和从容的声调，好像这一切耻辱和心痛都从未发生。

他打量了一下她的神情，原本道歉的话便顿时说不出口，两人默默相对了一会儿，他开口下了逐客令，"你走吧，我要休息了。"

她们习惯于展现完美，她们的面具太牢固，牢固到连她们自己都忘记面具之下还有一颗活蹦乱跳的真心。

那颗真心会委屈、会害怕、会不甘、会吵闹，而这一切让她们觉得自己软弱,所以将这颗真心深锁在不见天日的角落里,只有午夜梦回之际和无人看到的时刻,才会允许自己屈就造访。

一个从不允许自己软弱和狼狈的人,其实是剥夺了对方了解你、走近你,并为你付出的机会,过于完美和过于不完美,在感情中其实是殊途同归,一样让对方倍感压力,一样会逼得一段感情无力喘息。

武志红老师曾经写过这样的一段话:

"丰沛的付出和坦然的接受,会推动一段关系的发展,缺一则会让这段关系陷入无法继续的病态。"

时刻要求对方的陪伴是一种病态,而永远带着完美独立的面具,又未尝不是一种自私。

生活不是标准化了之后的流程和规章,那些鸡毛蒜皮,那些吵吵嚷嚷,那些泪水和抱怨,原本就是生活的一部分,你若摒除了它,便也就摒除了真切、感动和欢乐。

不要害怕展现自己的柔软,因为铠甲,是因为有了软肋的存在才会显得珍贵。

完美固然很好,但即便是最好的完美,也不会比真实更棒。

做自己如你所是,便是爱最好的礼物。

辑五
能靠汗水解决的，
就别用眼泪

如何让
自己的心灵更强大

"我受够了这样每天都活在别人情绪里的感觉,感觉自己弱爆了,有什么办法能让自己的心灵快速强大起来吗?"

留下这个问题的小朋友,还不满二十岁。

"我看过了很多心灵鸡汤的书,不要在意别人的想法走自己的路类似的,可是我没有办法做到不在意别人的看法啊,明明想让大家都喜欢我,怎么能装作不在乎?难道只有孤独才能强大吗?这跟众叛亲离有什么区别?只靠自己一个人的话真的可以吗?"

他发来长长的一串问题,附着几个无奈而又痛苦的表情。

很多鸡汤文中都可以看出以下这个套路:

做自己 = 不要在意他人的看法 = 自由 = 心灵更强大。

但毫无疑问的,这本身就是个矫枉过正的错误答案。

比起老一辈人过度的看重察言观色,注重对身边关系的维护,将别人的情绪看得比自己的感受都重要,甚至有时宁愿牺牲自己去成全别人的喜好。新时代的年轻人无疑更注重"自我",自己的感受、想法、理解和坚持。

但是这从来不意味着,别人的看法与建议于你一文不值。而一旦关注他人的意见,又很容易让自己的情绪为他人左右。

如何让自己的心灵更强大?

不是众叛亲离的,不是郁郁寡欢的,不是因为孤独而无可奈何的强大?

在每一个人的成长中,它都是一个不可绕过的命题。

第一,想要强大,就要先承认自己的弱小。

走向强大的两个误区常常在于,要么盲目地以为自己可以掌握整个世界,要么过度自信自己可以控制某种情绪的产生。

你穿着漂亮的白色套装去参加一场面试,出租车开到半路抛了锚而你放眼望去没有第二辆,还剩半个小时就要迟到了,你咬咬牙,决定踩着10厘米的高跟鞋步行走下高架桥到其他地方打车,因为心急走得太快的缘故不小心绊了一跤,正好跌落在洒水车留下的一摊泥水里。

你着急、愤怒又委屈,带着这样恶劣的情绪,面试不出意外的失败了,你的心情很糟糕,觉得全世界都在恶作剧似的跟你为难。

你埋怨自己为什么没有再提前一个小时出门,并因为这样的失误而更加懊恼。

可事实上，即便你提前两个小时就出门，也依然无法确保能够准时到达，我们的努力不过是试图将遭遇意外的几率降低一点，却并不能换来一张事事顺利的包票。

你无法确保自己乘坐的出租车会不会坏在半路，在多久之内能够打上第二辆车。甚至于你无法保证自己会不会被绊倒，绊倒之后是跌向干燥的地面还是潮湿的水洼。

遭遇半路掉了链子的出租车，以及面对所剩无几的时间产生的那些近乎本能的焦虑、无奈、愤怒、委屈、失落等等。

你无法控制自己要面对的世界，你也无法控制自己情绪的产生，这就是我们的弱小之所在。

而我们也根本就没有办法去做情绪的主人，潜意识的反应速度要比理智的速度高出太多，在你还未能调动理智去思考之前，你的潜意识里早就有了"天哪我怎么这么倒霉"的感觉，这种感觉会很快地触发一系列的负面情绪，而你面对这些情绪的产生束手无策。

认识到我们面对现实世界以及自己情绪的弱小，是走向强大的第一步。

第二，学会分离 A、B、C。

你心情很好的给男友发了一条微信，"亲爱的，我们今天下午去吃火锅好不好？"

他久久没有回复，你等得着急打过电话去，听到他在那头不耐烦的敷衍,"随便……"

虽然"想要去吃火锅"的目的已经实现了,可你依然不高兴,觉得他根本就不在乎你,于是你在他迟到了五分钟后借题发挥大吵了一架,两人不欢而散。

"我到底是为什么要跟他吵架呢?"你觉得说不出来的委屈,"白白浪费了自己一天的好心情。"

心理学家阿尔伯特·埃利斯曾经提出过这样一个A、B、C的理论:

A:诱发性事件——他语气中的不耐烦。

B:你对诱发性事件的信条——他的不耐烦=不在乎你。

C:你的感受和行动——感受到被忽略,借题发挥引发争吵来疏解自己的不安/不满。

我们已知自己无法控制的诱因A,不会因我们的意愿而改变,已知自己很难控制的情绪C,不会因我们的抑制而消失。一旦有了A之后,C很快就会随之产生,这是不是意味着,我们面对自己以及世界只能束手无策?

可事实上,导致C的并不是A,而是B。

他流露出的不耐烦并不是你爆发的原因,你因为不耐烦而推导出的"他不在乎你",才是你真正的痛点。

在A无法控制的时候,转换自己在B时的思维方式和价值观,在C处的表现则会明显不同。

当他表现出不耐烦的时候,不是第一时间想到"他不爱我了",而是去反省"是不是我打电话的时机不对"或者是去体会他的情绪,"为什么他会不耐烦,他平时不是这样的,是不是遇到什么事了?"你在C处的情绪,就不会再是不安、委屈和愤怒,而是平和、理解和共情。

史蒂芬·柯维在《高效能人士的七个习惯》中,将每个人周围的事划分成了"可以直接控制的""可以间接控制的"和"完全无法控制的"。

A类就是我们无法控制的事,而C是可以间接控制的事,而B类,就是我们可以直接控制的事。

判断出在任何一个突发事件中的A,B,C并将他们分离开来对待,你会发现,真正可以扭转事态的关键并不是A的不发生,C的不产生,而是你在B处的思维方式,会在A和C之间建造什么样的桥梁。

第三,改变三种病态思维方式。

首先,封闭自己的情感。

"我知道她们都不喜欢我,可是我不在乎,自己孤孤单单一个人也挺好的,反正不是说孤独是人类的终极归宿吗?"

一个上高中的小姑娘这样问我。

从常理上判断,这个小朋友要么是看破了红尘的得道大师,要么则是被同学孤立之后产生的赌气情结,"我才不稀罕你喜欢我，我也不喜欢你！"

果然又聊了几句之后，小姑娘讲起了事件的起因，"我中午在宿舍打电话，声音可能有点大打扰到她们午睡了，可她们为什么不直接说我反而一下午都对我冷着脸爱理不理，我想开口道歉都没有机会，然后……不知怎么的就这么冷战下去了……"

封闭自己的情感可谓是人类对抗外界压力最快捷和简单的途径。

曾经风靡一时的《吸血鬼日记》中，也有类似的情节，当女主角变成了吸血鬼遭遇了一系列无法直面的打击和变故时候悲痛欲绝，而男主角只要帮助她"Shut it down"，她就马上能够打起精神满血复活。

当然，也变成了麻木不仁、冷血残忍的另一个自己。

封闭感情的途径看上去非常有效，它会立刻带你逃离一个被动的境地，为你的被动披上一层骄傲的外衣，"不是我做错了什么她们才不喜欢我，而是我根本就不稀罕他们喜欢我。"

可是人类不是吸血鬼，我们的情绪是无法被真正封闭的，它一次又一次被强行压制着，像一座看起来无害的死火山，可是当爆发的那日却更加危险。

不满压抑成愤恨，不安压抑成焦虑，失落压抑成抑郁。对自己对他人产生可怕的连环后果。

当情绪产生的时候，不要试图隐藏它、封闭它，假装一切都没有发生。坦然地面对自己的情绪,认真地面对它、解决它。

开口道歉,永远都不会比持续的冷战更加困难。

然后,绝对化的灾难。

"他不回我的微信了。"

"他一定是不喜欢我了。"

"完蛋了!没人爱了怎么办,孤独终老怎么办?天哪,我真的会死的!"

这就是一个典型的绝对灾难化的思维模式,否认一切的意外及可能性,并把一切事情的发展向最坏的方向考虑。

这种思维方式的可怕之处在于,太过于绝对化从一开始就拒绝了任何的解释和沟通,而灾难化的思考又剥夺了你的勇气和乐观,让你心生苦恼,郁郁寡欢,甚至会采取一些非常态的手段来试图证实自己的"绝对化"。

陷入这种思维方式的人,着眼点往往不是改变,而是致力于证实自己臆想中的恶性循环是真实的存在。

当你终于一点点推走一个原本爱你的人,你会悲痛欲绝而又如释重负的叹一口气,"看看,开始我就说是这个样子的吧。"

纠正这种思维方式的一个有效途径,就是"找借口"。

当一件事发生的时候,除过脑海中本能反应出的那种因果,你是否还能找到其他的可能性?

除过他不爱你了,有没有可能他忘记了带手机、手机没电了、正在开会，或是更夸张一点的，遭遇了车祸、手机被偷了等等。

这个世界原本就是由无数的可能性构成的，只有找到可能，才有机会对自己救赎。

最后，将一切的无理合理化。

"她被强暴是她活该，谁让她穿得那么暴露……"这个极端的观点就是将一切的"无理"有理化的一个典型事例。

用这种模式思考的人往往会过于理智地试图给一切安上理由，没有理由的时候，他们甚至会生造一个，然后让自己对这个生编硬造的借口深信不疑。

这种人对事件的"有序化"和"有理化"有着莫名强烈的追求，以至于他们不会，也不愿意承认一个现实——

这世界也有错了的时候，

而我们活着，就是为了尽自己的绵薄之力去纠正它。

这种思考模式会让他们本能地归咎于弱者，甚至当他们自己也是弱者的时候依然如是。

"他打我是因为我做得不好……"

"他不爱我是因为我本来就是个不配得到爱的人……"

凭借这样的合理化，他们误以为自己已经懂得了这个世界的运行法则，并能够心甘情愿地按照这样的法则生存下去，殊不知这种法则从一开始就只存在于他们的想象中。

而他们的"合理化"只不过是在为自己找一个不需要对生活

进行反击的借口。放弃一切做主的权利，放弃一切争取的可能，放弃一切改变的欲望，用合理化蒙住自己的双眼，告诉自己生活就是如此，为自己的懦弱找一个又一个看似合理的出口。

当一个人把命交给运，他就将自己放逐进一个无底的深渊。

让自己随着时光变得强大，是一项任重而道远的工作。我们每个人穷其一生孜孜追求的，都是要让自己成为比昨天更好的人。

借用不知从哪里看到的一段话来结尾，愿每个人都能成为自己想要成为的，那个更强大更优秀的自己。

爱护，并了解自己的心，自己的情绪，将它当作朋友而不是仇雠。

接受任何一种可能，尝试陌生的新鲜，生活比你想象的更广大。

不放弃改变的自由，不放弃做主的能力，不要把自己的命盘交予他人。

你可以做到的，远远比你想象的更多。

能靠汗水解决的，
就别用眼泪

可可是在饭局上被老板的夺命连环 call 叫走的，她讲着电话的神色变了又变，然后便急匆匆地起身告辞，"给客户出审计报表的数据出了点问题，我得回公司看看。"

我回家顺路捎她一程，她坐在我身边上脸色灰暗，"怎么会这样，明明大家一起核对过好几遍的，为什么还会出错？长假一结束提案就得给客户交了，现在所有的东西都得推翻重来，要是弄不完，估计我就得被炒鱿鱼了，到时候你得让我蹭饭啊。"

"你不是只做原材料成本的那一部分吗？只要你这部分数据没问题，那就不是你的问题。"

"是这么个道理，但是老板既然找了我，就是我一个人的问题。"她说，"在这个项目组里我算新人，老板本来就不是很信任我，这次报表出了错，还不知道他心里怎么想呢。"

她脚底生风地冲进超市，买了一大罐咖啡和好几包压缩饼干，一个人鏖战了三天，终于将所有的数据重新验证了一遍，找到了出错的地方，是搭建市场模型时有人将小数点标错了一位。

她将整个报告都修改了一遍，不仅仅是错误的数据，连排版和图标颜色都重新进行了调整，看着邮件发送成功的那个绿色的小图标，她才终于吃上了三天以来的第一顿热饭。

"明明问题就不在你这儿，还只找你一个人回去加班，你怎么不跟老板说清楚呢？"

"怎么说，一把鼻涕一把泪地诉苦自己有多委屈多辛苦，替别人补了窟窿吗？"她笑笑，"我相信他还不瞎，这些事情应该还看得明白，能用汗水解决的事情，我不想靠眼泪。"

我有一个富二代女友，毕业之后直接进了自己家的公司，从最底层的销售做起，刚开始的时候没人知道她的身份，跟团队中的其他同事也还算相安无事，但世上没有不透风的墙，"她是老总的女儿"的消息很快就在办公室里传开，明里暗里，便多出了很多闲言碎语。

"难怪 HR 说没面试过她，原来是靠裙带关系进来的……"

"一看就没什么本事，绣花枕头一个，还不是靠爹……"

"怪不得她手上的大客户那么多，我们的资源怎么能跟公主比……"

她有天晚上跟我聊起这些事，欲哭无泪，"该出的差我一次也没少去，该熬的夜我一次也没少熬，我干的一点也不必她们轻松，凭什么她们就是靠本事，我就是靠爹。"

"欲戴皇冠必承其重，谁让你是公主呢，享受公主的待遇，也得付出公主的代价啊。"我逗她，"你面前就两条路，一条是跟她们撕，哭一哭闹一闹诉诉苦博取一下同情，另外一条，就是得比其他人更拼，只有真的做出一些成绩来，才能证明自己。"

她想了一会儿说，"那我还是拼命吧，就算我跟她们诉苦，也不一定会有人同情，搞不好还说我苦肉计呢。"

她主动接手了同事称为"鬼见愁"的几大客户，最忙的时候连着一个月都做空中飞人，她熬了几夜做的市场分析模版成为了公司的规范流程，她的敬业和专业赢得了大小客户的赞誉，整个销售部因为她的带动，无论是风气还是业绩都提升了很大一截。

入职的第二年，她便被破格提拔，成了公司最年轻的部门经理。

几乎没有人再用她的身份说事儿，她有多拼命又有多优秀，是有目共睹，又有数据可证的事实。

她从那一句一句的流言蜚语中走过，步步艰辛，所有没有打倒她的，都让她更强大。

每个人的一生中，都不免需要面对某些需要证明自己的时刻，质疑也好，挑衅也罢，都是不可回避的矛盾，但证明自己也有两条路可选，你可以哭哭啼啼地扮可怜，也可以凭借自己的实力和能力去解决问题。

人遭遇误解之后，第一反应往往只是辩解，可是要想真正证明自己，还需要付出实打实的努力。

泪水或许能够换来表面的安宁和一时的同情，可是然后呢？哪里有人能靠着同情和谅解走完一生。

只有你付出的努力和你做出的业绩能证明你是谁，能在突破误会的同时，帮你打开自己的天地。

不要将自己的人生困在别人的误解里，只有付出汗水的努力，才能让你走向一个新的格局，解开误会往往只是第一步，更重要的是问题的解决，事情的推进，以及如何让你脱颖于他人的能力和实力。

看向更远的地方吧，给自己更高的目标和更大的格局，能靠汗水解决的，就不要随便流泪。

对最喜欢的人，
说最好听的话

前段时间被好几个朋友安利，开始追一部叫作《请回答1988》的电视剧。

那是1988年，女主角德善有四个青梅竹马的好玩伴，其中外冷内热的正焕和围棋国手阿泽都很喜欢她，相比起生活自理能力为零且少言寡语的崔泽，正焕则是从一出场就自带男主光环。

跟德善斗嘴的是他，陪德善赴约的是他，离德善最近的是他，最先喜欢德善的是他。两人的甜蜜中带着一点情侣惯常的别扭，我一边看一边跟舍友苏苏说，"按照这个相爱相杀的标配，最后应该是跟正焕在一起了。"

苏苏抱着iPad蜷缩在沙发的一角，毫不留情地剧透，"是阿泽……我也是看到一半实在忍不住了，百度了大结局。"

我强忍着想要冲上去掐她的冲动，"编剧是故意制造转折的吧，傻白甜和高冷脸不是绝配吗，况且正焕虽然脸冷可是真的心肠很好啊。"正说着这话的时候，德善在荧幕上崴了脚，正焕站在她旁边,明明就是心疼,却摆出一脸嫌弃。

"你怎么这么笨啊,连路都不会走。"他一边嫌弃她一边伸出手去,小心翼翼地托着她的胳膊支撑一大半重量,嘴上却不饶人。

苏苏凑过来看了一眼,叹口气,"其实,要是我的话,我也会选阿泽,虽然看上去有点木讷,但是从里到外都很温暖,像正焕这种面冷嘴冷的人,心越热才越伤人。"

苏苏的第一任男友,是个富二代,家境很好,开学时看到在舞台上一袭白裙跳着古典舞的苏苏,惊为天人,立刻展开了疯狂的追求模式,他们在大二的时候便确认了恋爱关系。

他并不像电视剧里的那般花边缠身,跟她在一起之后,很快按部就班地将苏苏介绍给身边所有的同学和朋友,他待她挺好,陪她去上自习、吃食堂、计划旅游,生日纪念日的时候从来不会忘了礼物,在她发烧的时候冒着大雪开车赶回学校陪她去医院。

外人怎么看,都是一个男友力 MAX 的典范。

"他就是像正焕这样的人,有好心,但是总没有好话,也没有好脸色。"苏苏说。

"就说那次送我去医院的事情吧,他一进门就开始说我,这么冷的天为什么不多穿一点,大半夜折腾别人很有意思是不是,做人不要太自我,总给别人添麻烦,等等等等。"

外人怎么能知道呢?

他们看着他雪夜驱车而来,又殷勤陪护到天亮,他们怎么知道呢,她那颗心在他刀锋一样凛冽的冷言冷语中如坠冰川,像是颤巍巍地站在悬崖边,却被心爱的人在背后推了一把的惊恐和绝望。

类似的事还有很多很多,比如她跟闺蜜逛街买了新衣服,兴冲冲地在他面前展示,他眼中明明满是惊艳,却还是会说出"别臭美了,你最近好像又胖了"的嘲讽。

比如她花费了好几个月时间,精心挑选好了照片,以日期线记录他们的爱情故事的小册子给他当作生日礼物,他小心翼翼地将那个本子锁进床头的抽屉,嘴上却不饶人,"这么幼稚,肯定是不舍得花钱买礼物才做的这个吧。"

苏苏在他的言行不一中,感觉被撕扯成了两半。

"明明是爱你的,却偏偏要说出那些冷漠又伤人的话。"她扯扯嘴角,"有时我都怀疑,是我大脑出了问题,凭空想象出他爱我的事实来,要不怎么会觉得自己明明是在被爱着,却一点也不幸福。"

他们分手的导火索,是在大四的毕业季,苏苏找了一份实习的工作,虽然偏远,可是却是本市数一数二的好公司,那时她还是一只什么都不懂的职场菜鸟,每天都要加班到七八点。

冬天的天黑得早,那附近没有民居也没有其他的企业,路上早就没了其他人,连出租车都行迹罕见,苏苏低着头向车站走去的时候,忽然就被一辆从身后窜来的摩托车抢走了背包,她因为突如其来的冲力向前摔倒,膝盖重重地磕在水泥地上,而那辆摩托车始终车速未减。

她坐在原地发了几分钟呆,才想起手机一直放在口袋里没有被抢走,她哆嗦着手指拨通他的电话,才意识到不知不觉中,泪水已模糊一脸。

他很快就来了,像电视剧里的男主角那般逆着路灯光走来,蹲在她面前,小心翼翼地拨开她的头发,查看她膝盖上的伤,眼里是掩盖不住的心疼。

就在苏苏准备扎进他怀里大哭一场的时候,他开口了。

"你怎么就这么傻,明知道路上人少还不找人结伴走,走路的时候不知道把包背到里面的那一侧吗?"

苏苏有些委屈,"我上了十个小时的班,下午饭还没来得及吃,公司的人都走完了,只剩下我一个……"

"那还不是你比别人笨,所以才要加班这么久。"他说。

苏苏那颗满怀委屈和惊悸的心,在他的话语中像是放进冰水里的烧铁。她似乎都听得到那每一个毛孔冷却下来,凝固起来的声音。每一根少女的柔情,每一根甜蜜的爱意,都如同疾风下的蛛网,支离破碎。苏苏提出了分手,态度坚决不可挽回。

"少女情怀的时候总是觉得,霸道总裁挺好的,就是这样酷酷的冷冷地对你好,才是男友力 MAX。可是现实不是啊,不管多强大的人,在面对爱人的时候,心都是一块柔软的豆腐,渴望被呵护,渴望被安抚,渴望被小心翼翼地照顾,哪儿经得住如此粗砾的摩擦，早就碎成了豆腐渣。"

她说，"爱情需要表里如一，那个不肯对你说好话的人，很难让你确认他爱你，而你当你每天都要在他的行为举止中猜测他到底是不是还爱的时候，真的好累。"

苏苏最终嫁了个如同德善的阿泽一般，温润如玉的男人。

在她心情不好的时候，他会温言细语跟她聊开心的事，而不是一边忧心忡忡束手无策，一边抱怨她无事生非想法太多。

在她说出心仪的礼物时，他会毫不迟疑地应允，而不是故作嫌弃，又偷偷给她惊喜。

在她切菜不小心割到手时，他会帮她处理伤口，提醒她下次要小心，而不是嘟囔着"你怎么这么笨，连刀都不会使"。

旁观者都以为，这两种爱是相等的，可对于爱中的人来说，在太阳的温暖和北风的凛冽中，却是两种完全不同的体验。

面冷心热的人不懂爱情，他们还没学会给自己的爱找一个合适的出口，以为用刻薄掩饰喜爱，用嫌弃掩饰疼爱就能不露痕迹。

他们爱得很辛苦，却也不知道自己的冷言冷语，会对另一个怀抱爱意的人造成多大的伤害。

爱是柔软的相对，而不是角斗场的拼搏。对最喜欢的人，要说最好听的话。

爱一个人，不仅要去做，也要好好说话。

不要让她猜，也不要让她冷。

致过去：
我比你想象的更坚强

周六我在公众号推送的聊天话题是："如果能回到过去，你会改变当年的自己吗？"

我收到了许多后悔当年没有好好读书学习，没有好好旅行恋爱，或者年少轻狂、所托非人悔不当初的留言，其中有一条：

"我讨厌自己是个这样的人，如果能够回到过去，我宁愿自己没有被生下来。"

聊了几句之后，她发给我很长一段信息：

"我自私、虚伪、懦弱、拜金、冷漠。

我没有朋友，也没有人爱我。

我是当年不允许二胎的时候，生下的二胎。妈妈为了生我丢了工作，可是我居然是个女孩……家庭只靠爸爸一个人的工资支撑，后来他犯了事，被关进牢里三年。这三年里，我连垃圾堆里的香蕉都扒出来吃过，家里整日都是妈妈咒骂我和姐姐的声音，每周末去给爸爸送饭的时候，牢房里那种阴冷潮湿的发霉气味，感觉已经渗进了骨髓……

虽然现在长大了，离开了家，可是不管我有多努力，好像都摆脱不了那个在垃圾堆里捡食物的身影，都没有办法摆脱那段幼年时被亲生母亲骂做婊子的阴影。我总觉得别人会拿异样的眼神看我，因为我就是这样看待我自己的……

我好讨厌这样的自己。

如果可以回到过去，我宁愿回去，掐死当年刚生出来时的自己。"

说实话，我并不知道要如何劝慰她。如果再年轻几岁的话，我很有可能会给她熬碗鸡汤，告诉她过去的一切苦难都是福祉，而你是珍宝；告诉她无论如何你都要爱自己，只有爱自己的过去，才能够爱自己的未来。

今年在重读《白夜行》的时候，我越发感觉到东野下笔的残忍，最阴暗最痛苦最无助的，或许并不是那一句"我的天空没有太阳……"，而是贵公子筱冢一成回忆起对雪穗的第一印象：

"她的眼神里有一种微妙得难以言喻的刺。但那并不是社交舞社社长无视她的存在，只顾和朋友讲话而自尊受伤的样子。那双眼睛里栖息的光并不属于那种类型。那是更危险的光——这才是一成的感觉，那光中可以说隐含了卑劣与下流。

一个真正的名门闺秀，眼神里不应栖息着那种东西。"

听起来多么悲哀，这就是一个人的过去，如何定义着这个人。

无论你如何掩盖，如何乔装，如何用尽心机手段去遮掩，它就像是潜藏在你身体里的毒液，无时无刻不在腐蚀着你的眉梢眼角，你的举手投足。它从每一个细枝末节里渗透出来，告诉别人，你来自什么样的往昔。

我见过一些像雪穗一样，想要极力掩盖自己过去的人，她们想要通过购置一套套豪华的精装书和风雅的紫檀书架，将自己装作教养良好、出身书香的名媛，却永远都在朋友圈里拼命炫耀自己新款的大衣包包手机，和各种角度的自拍。他们想要拼命将自己伪装成一个"不差钱"的富豪形象，却在给朋友选礼物时，永远挑选最廉价最劣质的一个。聚餐结账时，永远做那个"动口不动手"的人。每个人都被过往塑造了性格，塑造了心理，塑造了言谈举止。而那如同梦魇一般摆脱不去的过去，便由此，得以长久地去影响人的一生。

一个人要用什么样的态度去对待自己并不美好的过去？比起遮掩、伪装、否认，或是假惺惺地说要爱它，我很喜欢Margaret Atwood那首读来就杀气腾腾的诗：

Kill what you can't save.（杀掉你无法拯救的。）

What you can't eat throw out.（扔掉你无法咀嚼的。）

What you can't throw out bury.（埋葬你无法扔掉的。）

What you can't bury give away.（放弃你无法埋葬的。）

What you can't give away you must carry with you.（你必须背负着你无法放弃的。）

It is always heavier than you thought.（它永远比你想象的更沉重。）

我们由过去塑造，但是能够决定我们的，却不仅仅是过去。你还有很多个选择可以去做，很长的成长之路要去走完，很多种止损的方法可以采用。

你无法杀死它，却可以想方设法地减轻它对你的影响。

你无法扔掉它，却可以扔掉自己对它的忌惮。

你无法埋葬它，却可以能够削筋剔骨，去摘除它埋在你生命中细小的毒瘤。

你无法放弃它，却可以选择自我成长，直至强大到，能够背负着这样的过往走下去。

不需要逃避、否认或是掩盖。

选择去战胜它，不需要去爱它、拥抱它、接纳它。而是就这么恶狠狠地告诉那个让你既痛恨又恐惧的沉重过去："我会杀掉你，扔掉你，埋葬你，放弃你。即便我不能，你也无法压垮我。我背负着你，依然有能力变成更好的人。"

一如电影《伊丽莎白》中，新上任的女王在面对突如其来的宫廷政变、暗藏的阴谋、大臣的欺骗、糟糕的国家局势时，对着罗伯特说出的那句：

"I'm stronger than you think."

我比你想象的更坚强。

为什么
你的斗志总像过山车?

"我时常陷入有时觉得自己能量满满,想要好好奋斗一番,有时又觉得提不起精神,什么都不想做,特别颓丧的循环中,你说我这是不是精神分裂啊?需不需要去看心理医生?"

有位小朋友在微信后台这么问我,详细地描述了自己的"病症":

"我每年都会给自己制定详细的年度、季度和月度计划,做计划的时候特别斗志满满,觉得好像自己能够撬动一个地球,可是还没几天又觉得特别没趣和颓废,压根儿提不起精神按照计划上面的来做。在荒废几天之后,我又深深后悔浪费了时间,然后就会想办法给自己打点儿鸡血,重新振作,就这么循环往复无数次,现在一事无成,而且一点儿也不开心。"

我用松浦弥太郎的话打趣她:"不要在筋疲力尽的时候反省自己,疲劳时候的反省是郁闷设下的陷阱,这种时候应该立刻休息。"

小朋友很快回过来一个哭笑不得的表情:"听上去很有道理,可要是这样的话,我一个星期至少有三天都得躺着了……"

为什么我的斗志像是过山车?这种一天打鸡血,一天无所谓的状态是不是一种精神分裂?

作为资深过山车乘客,我曾经在这种状态下度过了整个大学时光,三年的工作期,直到步入现在也依然如此,并且还有长期持续下去的态势。不过,可以肯定的一点是,如果没有其他伴随症状出现,那一定不是分裂,充其量是一种病,学名叫"懒"。

在下药之前,要先弄清楚病因才能对症。而类似"过山车"般的心理起伏并不罕见,常见的几种成因如下:

第一,对"不确定性"的恐惧和不安。

你很努力,你早出晚归,你悬梁刺股,你囊萤映雪,然后呢?

你的未来会比别人好一点吗?或者,会比你现在的自己好一点吗?

甚至于你不能断言,你为了背单词而放弃的某企业组织的志愿活动,会不会让你与一直心仪已久的工作失之交臂?你为了减肥每天咬紧牙关跑完了8公里,到底能不能带走肩背上的一块处肥肉?为了升职而起早贪黑地加班三个月,对你走向更高的职位到底有没有帮助?

心理学家们曾经做过一个简单易懂的实验,大意是在两架飞机同时晚点的时候,一个候机厅只宣布飞机晚点,并没有明确说明起飞的时间和晚点的原因,而另外一间候机厅则说明由于遇到雷暴,飞机将于两小时十五分之后起飞。通过观察,被告知明确原因和起飞时间的乘客,他们的行为和情绪,要远远比"不知道什么时候能飞"的乘客稳定得多。

不确定性,一向都是人类情绪和毅力的不二杀手,对未知的恐惧甚至可以说是驱使人类不断进步的原动力。

想要弄清楚,想要确定抓得住。

想要知道自己等待的尽头到底是什么,想要确认这样的付出是不是值得。

正是因为未知带来的不安,大多数的人在计算付出与得到的平衡时,都会失去焦点,从而陷入一种不知如何用力的茫然和"好像并没有什么用"的怪圈。

今天觉得信心满满可以改变世界,但是一旦在坚持几天之后感觉不到明显的起色,就会逐渐生出懈怠,于是开始倾向于相信"然而并没有什么用"。在陷入心灰意冷的深渊之后,又会打起精神去相信奋斗的意义,然后循环往复。

出现这样现象的人并非毅力不足。

如果他们可以得到保证:"当你连着每天背100个单词,200天以后的考试你将提高15分",或者"只要你坚持到2018年三月,就能升职成为部门老大",又或是"连着跑步210天,你的体脂含量一定会降低两个点。"。即便上述声称的时间可能比现实中实现的时间要长出很多,但是这些人所表现出的斗志的起伏曲线,都要比那些"我不知道奋斗的尽头是什么"的人明显和缓。

确定性会给人一种安全感,可糟糕的却是,并没有任何人可以得到一个被期许的未来。对于这种对于确定性的诉求,心理学上尚未出炉什么新鲜有效的对策。唯一可以缓解这种症状的招式,就叫"不要想太多"——做好当下事,看好眼前人,可以适时对目标做出调整,但是永远别试图去弄明白,这个目标终将通往何方。

画了一半的脸最美,唱片机里永远放着第二乐章——去喜爱一切不彻底的事物吧。

人因为未知而生出恐惧,生活却会因为未知而多出美丽。如果你不能战胜未知的话,那就不妨去享受它。

正如《穷爸爸,富爸爸》里面说的那句:

"生活总会推着你转,一些人在生活推着他转的同时,抓住生活赐予的每个机会,而另一些人则会非常生气地与生活抗争。"

第二,潜意识中对自己目标的不认可。

回到引子中小朋友问我的问题:"为什么有些人就可以坚持下去?难道他们可以逃脱对未知恐惧的怪圈?"

答案当然是否定的,可是为什么很多成功大佬,比如俞敏洪、任正非、马云,等等,就好像可以逃脱这种情绪和心理上的循环往复？

这个问题其实很简单，那就是因为他们在做自己想要做的事情，而你却没有。

这时你可能会说："是我想要考出一个好成绩，想要变瘦，想要升职，并不是别人想要，所以，我也在做自己想要做的事情啊。"

这个时候，就需要请"冰山理论"出场来解释：

举个例子，你的行为"跑步"。这种跑步的动机源于社会的普遍认同——女生苗条更美丽。这是"行动"对"期待"和"渴望"的响应，因为你希望变得更美，被更多人喜爱，所以你的观点是：无论多累我都想要坚持跑下去。

请记得在这里你的动机是"社会普遍觉得……"，而不是"我觉得……"

你的"自我"说："其实胖女生也是很美的，只要性格讨巧有才华，不一定就没有苗条的女孩受欢迎。"这其实才是你最深处的潜意识。但是在大多数的时候，你却用理智去压制它，于是潜意识会显示出暂且服从于理智的样子去行动。可是，在很多个你没有意识到的瞬间，潜意识却在偷偷同化你身体里的每一个想要奋斗的细胞，它一遍一遍小声嘟囔着"真的没有什么用，真的一点儿都不重要"，直到它最后达成自己的目的，让你放弃。

这就是为什么有的人奋斗起来会觉得尤其累，除去身体上劳顿的原因，理智和潜意识的互相博弈也是另一方面——这会消耗走一个人更多的能量。

反过来看成功的大佬他们的"自我"说："我要成功，我要有钱有地位。"由此滋生出"被社会认可和尊重"的期待与渴望，"即使辛苦也要坚持下去"的观点和百折不挠的行动。这虽然不是一份可以用来复制成功的模版，却是大多数成功人士所表达出来的自我一致性。

从这里就可以看出，不同的"自我"的意识，会生出多么不同的结果。

如果某一件事是你"自己"真正想要做，而不是父母、朋友、老板、师长、社会觉得"你应该去做"，那么这样所衍生的良性行为，就会带来更好的结果。

在设定目标之前先去考虑，这件事是"我想做"还是"别人希望我去做"。不要去太过抑制潜意识的活动，因为这样不仅成功的可能性很小，而且也很容易逼疯自己。

去遵从潜意识的召唤吧，确定自己真正愿意付出、努力去追求的目标到底是什么。我想，这会比盲目跟风地投入某一个目标，来得更加有效。

埋在那么深处的潜意识，有时候却比你"认为自己知道"的，要明白更多。

第三，用力过猛，输给了与欲望的博弈。

"我今天居然浪费时间看了三集《太子妃升职记》,真的是太罪过了,我怎么能这么颓废,我应该去读书背单词才对……"

"我加班到十一点,还有三张PPT没做完,居然忍不住逛了淘宝,简直是没救了。"

类似的话,听起来有没有觉得很耳熟?

当你一心强迫自己专注于学习或者工作的时候,手机好像总是偷偷地跳进你手里,电脑好像也掺合一脚,开始自动播放视频来诱惑你。然后不知不觉,几个小时过去了,等你回头一看却发现自己什么都没做时,只好又后悔又自责地马上投入到新一轮的奋斗。然后这般,循环往复。

"战胜自己的欲望,做心灵的主人"——听上去是一句非常有气魄的宣言。可是开什么玩笑,残忍的现实往往是:我们一不留神就被欲望不知不觉中爬到了头顶,并且根本没有办法时时刻刻用理智去控制欲望。(得道高僧请绕行。)

欲望来自于冰山中的"自我",而理智源自于"观点",它们的道行就像是张无忌PK岳不群,功力相差着十几个郭靖。很少有人能够战胜欲望,与它握手言和就已经是最好的出路。强行压制欲望的结果往往是一场零和博弈,专注的时候心有不甘,放松的时候不能尽兴——结果只能是你筋疲力尽,它满腹不满。

就像对付一只黏人而又傲娇的小猫,只要它的要求并不出格,就陪它玩,答应它小小的要求,同时逐步培养它的习惯——"早上七点到九点不能来打扰我,十点再来", "我只能陪你玩十分钟,每一个小时陪你玩一次",或者"让我专心的做完这件事,我就买一单零食奖励你"。

不要去强迫它,而是去静静等待着它带来的情绪波动慢慢消失。因为你知道,这不算是妥协,不算是让步,而是你跟自己的欲望在达成共识。也用不着去恼恨自己的欲望,或者为之感到羞耻。有时候甚至需要感谢它,是它让你过得不那么辛苦,不那么悲惨和无聊;是它让你在奋斗的血泪中,还能尝到一些甜蜜的快感;也是它帮你不断安抚着潜意识,让你每天清晨能够满血复活。

很多"过山车"现象的出现,其实就是当理智和欲望斗争到筋疲力尽的时候,给大脑发出了信号——你再不让我休息我就要崩溃了——然后衍生出了一系列怠工情绪。

所以,不管用什么节奏奋斗,请照顾好自己的欲望,设定合理的节奏并劳逸结合。虽然这样一开始可能不会走得太快,但是却更可能走得长远。

以上,就是我对"过山车"状态常见成因的分析。

所有经历过这个状态,或是正在经历这个状态的小伙伴们,你们不需要,也不用感到惊恐担心。因为仅仅有这种情况的话,你并不是精神分裂。而且解决的办法很简单,你只要确定成因,之后对症下药就好。

退一万步说,过山车的"伏"之后,总还能等得到"起",

这总比一蹶不振的状态要好太多。

最关键的是,请不要滥用自己的斗志,在你说"我想……"之前,请认真严肃地问问自己的心:"我声称我想要的,真的是我想要的吗?我是不是愿意为了最坏的结局,去做最大的努力?"

确定真心想要的目标,然后去为之奋斗。这远比随便跟在什么人身后就轻言开始,来得更重要和困难得多。

你想难过一会儿，
也可以

出差住在酒店的时候，曾经看过一场陈绮贞的演唱会直播，演唱会结束之后各种长枪大炮围过来采访，问她新专辑的计划，问她和钟成虎的婚姻，问她想对听众朋友说的话。

其中有个扎着长马尾的女记者提问，"感觉你近些年的歌从小清新风格开始走向伤感，是不是因为生活发生了改变的缘故？"

陈绮贞回答："我的婚姻生活很幸福……"

记者又问道，"你事业有成，家庭生活也很美满。那你到底是为什么不快乐呢？"

陈绮贞面露尴尬不知如何作答，所幸被其他的问题岔开，没有回答。

而一年多后刘若英出了那本《我敢在你怀里孤独》中，恰好也写到了这一段，陈绮贞的回应只有简简单单的一句话：

"人最大的悲哀，其实并不是悲哀本身，而在于不能悲哀。"

我曾经在一个傍晚接到好友丁香的电话，她在电话那头哽咽，

"你快帮我打点鸡汤吧,狗血也可以,我实在是受不了这个状态了,我真讨厌我自己……"

"我知道我应该move on向前看,应该对自己更好,应该不要再想他把自己弄得漂漂亮亮的等着下一任,道理我都懂,可是那是我从大学一路走来谈了五年恋爱的男朋友啊……我怎么能不难过。"她说。

"我也想装着什么事都没有的样子,我也想当作这个人像玩具一样可有可无,我也想赶快让自己走出来,该怎么生活怎么生活,但我就是没出息,一想起他心肺肠肚都是疼的,藏都藏不住。"

可是谁在乎呢?

在那个寸土寸金、所有人恨不得把一秒钟劈开当两秒用的城市,知情人表示完礼貌的同情,便很快摆出一副"少个男人有什么了不起,你一样可以过得很好"的神情,用各种"你应该"和"你可以"为她加油打气,看似正能量满满。

刚开始的时候她并不接受这一套,可是很快,她便敏锐地在周围人的脸上捕捉到一丝掩藏得很小心的鄙视,那神情像是小朋友跑越野赛的时候,速度领先的人望着后方,露出一点"你要是不赶上来,我可就不等你了"的嫌弃和得意。

她很快就有些着慌了,生怕被身边的同伴丢下。努力让自己带上微笑,不要胡思乱想,想要像从前一样认真地工作、约会、打扮自己。就像他们说的,"不就是失去一个人而已,有什么大不了的。"

可是理智又要如何拗的过人心？

她在一个个白天强颜欢笑着假装一切都不曾发生，却在一个个夜里辗转反侧，一边抑制不住地想念他，一边咬牙切齿地埋怨自己不争气。

"你说我是不是真的有什么毛病？明明告诉自己要向前看，为什么还会忍不住难过？"她这样问我。

"你们分手多久了？"问出这句话的时候，我以为自己会听到一个至少三个月以上的日期。

"今天是第九天……"丁香说。

这一回轮到我咋舌。

正能量有的时候，居然也会如此的可怕。

感冒后自愈需要一周，伤筋动骨需要一百天，更何况是一段曾经长达五年深入骨髓的爱情。

他们的安慰和鼓励不是治愈的良药，而是打上强力麻药将尚在淌血的伤口缝起，贴上"已痊愈"的标签面带微笑大步向前，却不管被强行缝合的伤口，正在暗自溃烂发炎。

忽然想起曾经在书上看过的一句话："这个社会不需要正能量，恰恰是有时候，我们把负能量压制得太过火了些。"

这种麻痹型的"正能量"在生活中比比皆是：

"不就是个男人吗 / 不就是个工作吗？有哭的工夫你都去找

下一个了……"

"不就是那点事儿嘛,你也至于……"

"比上不足比下有余,你不愁吃不愁喝有家庭有工作,还有什么难过的,别矫情了……"

不允许愤怒,不接受消沉,不鼓励妥协,连悲伤都显得是懦弱。我们竭尽一切手段想要杀死它们,小心翼翼地提防着这些负能量的出现,仿佛什么洪水猛兽,总是在未雨绸缪,恨不得斩草除根。

有时候拥抱负能量,是比宣扬正能量还需要勇气的。因为清楚地知道自己不会被一时的痛苦打倒,即使被痛苦没过头顶,也依然清楚地知道,悲伤之后,依然可以像从前一样地站起来。

这样的自信是一个人"不逞强"的底气。

我知道没有什么是不能过去的,我知道这一切终将过去,我知道我不会放任自己消沉太久。

请不要用正能量来浇灌我,我不需要那么多鸡汤和狗血来打气加油。

我知道我终将像个战士一样重新站起来。

只是此时此刻,我想要难过一会儿而已。

人并不是因为强大而刀枪不入,相反,人往往是因为强大而敢于脆弱。

有时候,当生活的重压扑面而来,将你重重地打入谷底无力反击，你的选项只有逃避脆弱，或是接纳脆弱。

用看似正能量的"应该"为自己上麻药，强行关闭掉心里那个感情的开关，召唤出理智和思考来对抗生活的人，往往并不是坚强，而他们只是不敢面对自己的伤口，生怕一不留神，某一道划痕变成了生命中的致命伤，从此再无翻身之日。

瑞士有位女心理学家维雷娜·卡斯特写过一本叫《体验悲哀》的书，其中有一句话让我印象深刻：

"一个人之所以患上抑郁症，往往不是因为过度悲伤，而恰恰是拒绝了悲伤。"

事实上，当你放弃所有意识层面的防御，允许自己沉浸在情感中的时候，往往会发现悲伤是比喜悦更能让人脱胎换骨的力量。它让你意识到生命中其实自有不必逞强的坚韧。

如果连悲伤都不能打垮你，那么就没有什么其他东西可以。

我们往往比自己想象得更坚强。

而生活的治愈意义，并不仅仅在于它尊重你的努力和奋斗，有时候它也是在告诉你，想悲伤、想脆弱、想颓废、想不是那么积极地面对生活也没问题。日子还是要继续，悲痛总会过去，你终究会自己走出来。

你也不必那么着急着站起身来啊，

这一刻，如果你只是想好好地悲伤一会儿，也可以。

你不是没时间,
只是太拖延

跟朋友聊天,说到两人都糟糕到透顶的图片处理技能,互相损贬结束后一起报了PS的初级网课开始学习,我兴冲冲地下载好了软件,小心翼翼地把素材包点了保存,立志在一个月之内学完。

那个压缩包从我的电脑桌面移到硬盘,又从硬盘移到网盘,终究没有打开过。有天她忽然微信查岗,"为什么我总感觉online课看不到你?"

我在手机这头想了好几分钟措辞,"最近挺忙的,打算下半年再开始学……"

"好像日理万机的样子,其实也没那么忙吧,就是不想开始而已……"我们相识已近七载,她毫不留情地拆穿了我的托词并补刀,"我下个月开始就要上高级的课了。"

我又一次被自己重度的拖延症和懒癌所震惊,决定立刻开始上课。

学习之前,得先喝个下午茶压压惊吧……然后再听会儿音乐舒缓一下心情……微信上十几条信息需要先回复一下……京东今天活动买 200 送 100 哎,买买买……

对了,我刚刚说要做什么来着?

十一点半了,还是睡觉吧,明天还得上班呢……

一个重度拖延癌患者的一天,就这么华丽丽而又一事无成地结束了。

《拖延心理学》中提到:"拖延从根本上来说并不是一个时间管理方面的问题,也不是道德问题,拖延的问题是一个人跟自身如何相处的问题,它是由心理根源、生物因素和人生经验这三者交织在一起而形成的。"

想要治愈拖延症和懒癌,仅仅靠喊口号和打鸡血远远不够,要改变一个人既有的习惯,依靠的不仅是自制力,还有知识。

试试以下几点:

第一,"为什么"到"是什么"思维的转化。

健身,读书,赚钱,学习,对你来讲意味着什么?

绝大多数人的回答,都不会偏离"让自己变得强大,拥有更多资本,成为更好的人"等等。很少有人会去想,这些词汇同时也意味着"每天跑五公里","每晚读一小时书","日更 2000 字"和"每天背 50 个单词"。

换言之,在设定目标时,我们更倾向于思考"为什么"而不是"是什么",而这种思维方式会让我们陷入一个极大的思维陷阱——事实互换。

虽然我没跑步,可是我今天少吃了一包饼干;虽然我今天没读书,可是看了一部特别棒特别启发灵感的韩剧……

互换会让我们陷入一种错觉,好像即便没有做"本应该做"的事,做了自己"想做的"也依然让我们向目标又迈进了一步。然后日复一日,直到有天你惊讶地发现自己离终点越来越远。

《成功,动机与目标》一书中提到:

对目标采取"为什么"式的大体思维能使人专注于将能得到的回报,从而获得动力。而"是什么"的细节式思维能使人专注于操作性细节,从而克服拖延。想要去实现的目标,说清达成它的具体时间、地点和方式。

比如,就拿之前的减肥目标举例。第一步,应该把"少吃"改为"每天摄入热量不超过1500卡路里";第二步,"多运动"应该变成"每周一、三、五上班前去健身房锻炼一个小时"。

现在想想,你最想做的那件事,它是什么?

第二,打破拖延的恶性循环。

对于大多数的人,拖延症并不是一个日日相见的敌人,而是一个间歇性不定期出现的对手。

由于"超我"的驱动,人其实很难真正放任自己陷入长期的拖延和懒。

当拖延的进度条走到一定程度之后,那个"理想中的自我"会自动唤起我们的焦虑,比如:"天呐,我怎么这么胖了!"或者"三周没看书,智商不如猪"。

然后,我们常会陷入冲动性的努力——寒暑假一定要补上自己所有落下的功课,每天加跑到十公里,以及买书如山倒的囤积模式。

这样的努力之所以是冲动性的,因为它的程度和强度远远超出了我们自身的能力和设定,它仅仅是为了缓解焦虑的急迫感而生,我们雄心勃勃地设定了这样的目标,却难以长时间地克制自己,振作状态很难持久,为了逃避"完不成"的失落,开始"索性不做"的拖延。

想要打破拖延的恶性循环,需要从管理期望值开始,由于"归因谬误",我们常常高估自己的能力,并给自己设下一些不切实际的期待。

而管理自己的期望值意味着,你需要顶住焦虑的情绪,用理智去判断自己,设置能力范围内的目标,并留出时间应对突发事件。

一定要努力,但千万不要急。

第三,先做最重要的事情。

调皮的社会心理学家们曾经做过这样的一个实验:

被分成两队的实验者面前都摆放着胡萝卜和巧克力,食物的面前都放着由资深营养学家标注的营养含量和卡路里。

第一组进行直接选择,有70%的人都抑制住了自己对巧克力的渴望选择了胡萝卜,而第二组则需要先完成一张数学试卷才能开始选择,在第二组中,选择胡萝卜的人只有45%。

专家们得出了这样一个理论:意志力或许并不是取之不尽用之不竭的资源,相反,无论一个人的"自制肌"多强大,都一定会有它的局限性。

每一次选择、每一个决定、每一件小事都会带来意志力的消耗,当意志力下降到临界点之后,你就很难再调动它为你工作。

一鼓作气,再而衰,三而竭。行军如此,做重要的事情亦是如此。

习惯把重要的事情向后放,再向后放,期待能上演一场惊艳的压轴大戏,却发现拖延的结果不是爆发,而是遗忘。

日复一日年复一年的差距,让你离想象中的自己越来越远,与那个跟自己一起成长过的人重逢,看到很厉害的别人和很平庸的自己,只能反复感叹一句话,"天呐,她怎么可能有那么多时间。"

什么时候去做最合适?

不是下午,不是明天,不是将来。而是此刻。

你现在不会去做的,今后大概也不会了。

我不是善良，
我只是强大

1

当我还是个愤世嫉俗的学生党时，有次跟一位要好的学姐一起去 × 省旅游。

我们在机场门口打了出租车去预定的宾馆，司机对我们笑成了一朵花，"我是当地人，认识路，你们把导航关了吧，还能省点电。"于是我们都坐到了后排，拿出地图开始讨论剩下几天的行程。

直到下车结账的时候，我们傻了眼。

导航上显示的直线行程，硬生生地被司机绕成了一个四边形。原本应该二十元左右的路程，计程表上显示的金额是 85。

"师傅你是绕路了吧？"我将导航凑到他的眼前，"明明没有这么远。"

他一改揽客时笑容可掬的模样，板着一张脸没好气地回答，

"你们外地人不知道,导航显示的那段修路呢,过不去。"

"可是公交车都没有绕路啊,你看……"我不依不饶地追问着。

学姐将我拖到一边,飞快地掏出钱包付了账,那司机露出一点行骗成功的、得意又奸诈的笑容,热情地替我们取了行李箱,发动离去。

"我要记下他的车牌号,投诉死他。"

"算了吧。"她笑吟吟地看着我,好像丝毫没有受到影响,"这地方真不错,咱们找个馆子吃饭去。"

"做人不能这么善良没原则。"我说,"明明是他宰客你还给他下台阶说走错路了,我要投诉他你也不让,就是因为你这样的老好人,他们宰客才敢这么猖狂。"

"跟这种人计较没意思。"她一边说,一边递过来一把散发着浓烈香气的烤羊肉串,"我一天带薪假期大概400块左右,平均下来每个小时30块,吵起来生一肚子气,再加上投诉取证和对质的时间的话,可能要浪费好几个小时,还毁了整个旅游中的心情,你说,哪个更不划算?"

"可是就这么算了,岂不是太便宜他?"我一边啃着羊肉串,一边口齿不清地问道。

"你总有一天会懂的,不跟有些人计较不是因为你善良,而是因为不值。"她说。

2

跟老同学一起吃饭，提起在微信群中异常活跃、聚会时却从来都不现身的一位姑娘。

"她还没换男朋友？"有人问。

立刻换来许多声的叹息，"没啊，你没看她前两天还在群里说，她为人家庆生等到半夜，结果人家回来身上还带着香水味。多好一个姑娘啊，真不知道看上他什么了，爱到这么没脾气。"

那姑娘将和男友的每一次争吵都直播到微信群里面，絮絮叨叨地讲完之后来一句，"大家都是同学，你们要是有联系的话，帮我劝劝他吧。都说男孩子心智成熟得比较晚，不管他怎么玩，怎么闹，我终究都是原谅他的。"

摆足了一副无辜受害者的模样，头顶还加持着宽容的光环。

不是没有人劝分的，而所有劝分的人最后都为她的痴情所"感动"，加着一点无可奈何，还有一点哀其不幸怒其不争，最后只得放任她不管。

刚从加拿大回来的女友小C不知道因果，听着左右你一言我一语地补充完了细节之后冷笑一声，"她宽容？那是没有不善良的资本好吧。上海这种地方，一个月两千多的工资，离了他她能活吗？不宽容她怎么办？"

我们面面相觑了一会，居然找不出什么话来反驳。

理智上觉得都对，心底却埋怨她有些刻薄，直到后来辗转听到小 C 的故事。

她的男朋友因为工作疏忽被公司辞退,找了一段时间工作,没有得到满意的 offer,索性宅在家里声称要拾起书本考研究生。在两个人打拼都居不易的异邦,她将自己活成了一个陀螺,每天在家和公司之间连轴转,每天加班到七八点还得回家做晚饭,而她工资接近一半都给了他作为零用钱。

谁知道渣男以听课为借口,在附近的大学勾搭上了一个年轻的学生妹。直到她有天提前下班回家,才知道她一心一意付出的那个人,早已经将自己抛在了脑后。

他们的分手清爽利落,她并没有理会他的百般告饶痛哭流涕,果断地收拾了东西离开,"这房子还有一个半月时间到期,你付得起房租就接着住,付不起就自己想办法。"

"就这样?!你不是应该把他赶出去才对吗?怎么能自己走呢?你怎么这么善良!他就是因为你这么好性子才敢欺负你的!"身边有人对她这样说。

而她的回答听上去冷静得几近无情,"我不报复他,并不是因为我善良,是因为强大。当时我马上就要拿到升职的机会了,月薪会翻三番,我已经没有精力和时间去在乎区区几千块的房租了。我们的价值已经不一样了。已经无法挽回的事情,就让它过去吧。"

"时间成本不一样的两个人,多说无益,不如放手。"她这样总结道。

忍不住击节叫好。

争执很容易，纠缠很容易，放弃也很容易，但是放下却很难。

当一个人没有宽容的资本，连善良都神似懦弱。

3

我家妹妹刚上大学的那会儿曾经每天发微信给我吐槽，负能量炮弹狂轰滥炸。

"她凭什么当班长，不就是家里有关系早早跟导员打好招呼了么……"

"你不知道×社团有多恶心，纳新完全不靠实力全凭颜值和巴结学长学姐……"

"我就是看不惯她一下课就跑过去围着老师问问题装作好学生的模样，明明作业还是抄我的……"

林林总总。

我劝她，"你把能力提高了，拿着大把奖学金和证书砸在那些人眼前可不爽吗？何必跟他们计较。"

"你这就是阿Q，就是逃避问题。"她将信将疑，还是听话地拿起书去读，"难道我成绩好了能力提高了，这些恶心事就能从我眼前消失吗？难道他们抢占了我的机会会自动回来找我吗？"

当然不会的，恶心的事会依旧在那儿，你被夺走的东西也不会再回来。

可是那又怎么样呢？等到你足够强大的时候，你不会在乎的。

已经走到山腰的人，还会在乎山脚下的小水潭吗？

只有矮子才会被灌木丛绊倒。

我们总是以为，人是因为宽容而强大，因为能纳百川，所以才成为海。

但实际上，人是因为强大而宽容的，一个永远停留在底层的人，便永远会怀着一腔怨气锱铢必较。他们不清楚自己的价值，因为也不会珍惜自己的精力和时间。

他的眼界太窄，看不到更广阔的世界，他的时间太过廉价，所以才放任自己沉浸在怨恨、计较和争执之中不可自拔。

这个世界上，人和人的时间成本是不对称的。

选择不去与跟自己时间成本不对等的人计较，并不是因为善良，并不是因为怕事，并不是因为"达则兼济天下"的心胸，而是出于对自己的珍重和尊重。

一个人的地位变了，格局自然会发生变化。

如同当年明月在《明朝那些事儿》中写过那段话一样：

"真正强大的人是自信的，自信就会温和，温和就会坚定。"

让我们有资格谈放下的，不是鸡汤的劝告，也不是道德的约束。而是因为实力的强大。

这样的强大让你认清自己，知道自己想要什么，又值得什么。

而强大带来的从容又让你认清他人，从而为自己做出"性价比"最高的选择。

不在不值得的人身上浪费时间，不为不可挽回的事耗费精力。

我不再在意你了，你好也罢，你不好也罢。我都不在乎，也不会跟你计较。

我从不宽容，我只是强大。

姑娘，
你还是有点野心吧

有次年终聚会的时候，有个姑娘讲起了自己失败的年度目标，"本来今年想买辆车来着，结果手上的一个大项目没做成，奖金就少了好几万，买车的计划也只能搁浅了，现在还是每天拼车去上班，所以今年算是过得比较失败吧。"

"你这还算失败，想上天啊！"有人立刻接口道，"对自己要求也太高了吧，能安安稳稳领薪水就不错了，做人要知足常乐，差不多就行了。"

"可是我不想要差不多的人生啊。"她笑笑，将手边的一杯红酒一饮而尽，"迟早有天我会开着自己的宝马来接你们聚餐。"

这位姑娘是朋友圈里出了名的拼命三娘，刚毕业的那年，就创造了公司历史上最长的加班记录，但她的加班并不是盲目的消耗时间，在短短的几年中，她就已经凭借优秀的业务能力连升三级，年纪轻轻，就坐到了设计部副主管的位置上，而同期的很多人，还在原地踏步。

散席之后,我们顺路一起回家,我问她,"你准备这么拼到什么时候啊?"

"如果可以的话,我想一直都这样下去。"她说,"我想要做到公司总监级别,想要买自己的车和房子,想要剁手的时候可以毫不犹豫,想要的东西太多,自己不努力怎么办?"

看我没说话,她又说,"我是真的不想要那种自欺欺人的轻松,他们说我有野心也罢,说我有上进心也罢,但我就是想要得到自己心仪的东西时,那种实实在在的快乐。"

我看着她眼神中的笃定和平静,忽然想到我曾经带过的一个实习生小姑娘,暂且叫她连翘。

那是个非常勤恳认真的姑娘,几乎每天都是第一个来办公室,等我们来上班时,她已经将自己的邮件全部看完,昨日的会议记录也整理完毕发给了所有人,只留下少数的几个有问题的邮件,在我们都还打着呵欠冲咖啡的时候,见缝插针地提问。

有天我出差回来到办公室取东西,那是冬天的晚上九点,整栋办公楼在漆黑的静谧中像是一只陷入冬眠的熊,唯独连翘头上的那一盏小灯亮着,在空旷的黑暗中微弱如萤。

她膝盖上摊着一个大大的笔记本,面前的电脑上是一份正在播放的 PS 高级教程,她左手操作着电脑,右手刷刷的在本子上抄着什么。

"你天天都是这么晚才走吗?然后早上七点就来?"我问。

她有些不好意思地看向我,"差不多吧,我的 PS 和 SAI 都只会个皮毛,所以趁着最近没事儿多练练。"

我正准备安慰她不要把自己逼得太狠,她就笑着冲我眨眨眼,"我的目标……不仅仅是转正啊,我还想做项目部里美工最好的那个人。"说完,她有点不好意思地吐吐舌头,"姐姐,你不会觉得我特别有野心吧。"

她说,"我不想让自己只是足够好,我想让自己成为非常好,非常好的人。"

是啊,特别有野心啊。

想要出类拔萃,想要不可替代,想要棱角分明,从来都不是一件坏事啊。

人天生就有欲望,放弃那些不合理的,全力追求那些自己能力范围内可行的,正是"野心"会驱使你去做的事,想要的东西就去争取,期待的地位就去达到,把跟自己的欲望做斗争的功夫用到改善现状上,未尝不是一种明智的选择。

那些在最困难的时光中支撑着你,走完一小步又一小步,通向更好的自己的,不是"知足常乐",不是"差不多就行了",而是简简单单的"我想要更好的东西"。

一边拼命,一边享受拼命的乐趣,即便世界沦陷,只要还有一颗野心,就有活下去的希望,那是多么纯粹又简单的理由。

野心这一词,在历史上充当了太久的贬义,成为了让人鄙夷和畏惧的一个名词，可对于我们这样的普通人来说，它就是黑暗里的一丝微光，是台风来临时安全的地下室，储存着一点点执念、一点点不甘心、一点点发芽的生机，支撑着无数个小时的加班、从不间断的长跑，以及那个，让自己比昨天更好的愿望。

那些有野心的姑娘，她们活得很努力，每一个细胞都在很用力地变得更好，她们不会让自己沉溺于拖延，也不会被短暂的失误打败，因为有个明确的目标和方向，她们在灰蒙蒙的尘世里自带光芒，没有什么能阻挡她们成为自己期望中的那个人。

我也开始越来越喜欢那些"有野心"的人，她们眼光长远，所以不会在鸡毛蒜皮的小事上驻足不前，她们目标明确，所以不会让自己长时间沉浸在后悔或懊丧，她们意在成长，所以不会计较一时一刻的输赢，而是如何让自己进步和成长。

想要坐上更高的职位，却不仅仅是为了薪水，还有登上一个平台之后，能够争取的更多选择。

想要买一点贵的东西，却不仅仅是为了给他人看，而是给自己的生活注入更多底气与自信。

想要有一份安稳又平等的感情，也别只仰天长叹，而要让自己变得更好，才能获得理想中的爱情。

这世界上从来不缺面目模糊的"差不多小姐"和"苟且度日先生"，他们灰蒙蒙的，太早便因为太容易妥协而被淹没。

而那些有野心的人，他们光洁明净，熠熠发亮。

你还是有点野心吧,去按照你想的方式来活,而不是将就你生活的方式去想。

我们终将成为自己所期待的样子,十年后,你期望中的自己是什么样的人?